味道的追随者

THE TASTE TOUCHES MY HEART

[德] 霍一德（Holger Patitz） 著

江苏凤凰科学技术出版社

前言

妙旅

我不是厨师，因为我从未受过任何专业的训练，但是我真心尊重大自然馈赠的一蔬一果。

我不是摄影师，因为那些有趣的地方永远在我的心里，而不是镜头之中。

我不是旅行家，因为我只在适合我的时间和地点，并且以适合我的方式去感受世界。

但是世界是有很多面的，作为一个凡人，也会奢求遗世独立的那份洒脱。偶尔心底暗流涌动，渴望拥抱不确定的生活。

起飞前还穿着棉衣，落地时仿佛一夜冬尽；去年以为还是小树苗的橄榄，今年却发现已是硕果累累。无论是旅途中陌生人善意的举动，还是当地人才知道的好去处，都令我记忆犹新。惜食哲学、慢食风尚、时令佳肴、当地风味……这一切串联起的是我的日子和我的故事。

回想起二十岁时在澳大利亚穿越沙漠和雨林，历经汽车抛锚，被困五天等待配件救援。风餐露宿，每晚睡觉前把自己紧紧包裹着来防范各类有毒动物的伤害，继续上路又遇上醉汉夜驾发生车祸导致我们全车报废。但帆船上的日出、潜入深海中遇到的小鲨鱼、每次侧身打开公共卫生间门小心躲避各种小动物、邦格尔邦格尔山脉的地质奇观、雨林中的各种鸟鸣、澳大利亚的大汉堡都是我珍贵的回忆。

现在的我早已过了为了一张图片或是一篇攻略就心动的年纪，无须向别人证明什么，也不需要成为别人眼中的自己，只是做自己，这也是人生态度。

人生如同一场妙旅，改变很容易，保持自己却需要勇气。

H. 霍德

霍德

目录 CONTENTS

第一章　离幸福最近的地方

第二章　寻找人生的漂流瓶

第三章　用“吃”来虚度时光

第四章　生命是美好时刻的集锦

第五章　那些记忆深处的味道

第六章　吃货与美食家

欧洲 - 法国 - 大东部大区的首府和下莱茵省的省会 - 斯特拉斯堡

一个人的斯特拉斯堡
——法式火焰薄饼

当一个人饥饿的时候，对食物本身的欲望和渴求将会成为第一需求。

当一个人吃饭的时候，从做出这个决定开始就已经充满了仪式感，

如同交响乐的序曲悄然在头脑中回荡。

于我而言，能够链接一个地方的记忆是味道，或许与我的成长经历有关。

当我驱车悠闲地到斯特拉斯堡（Strasbourg）过周末时，心中满满期待的竟然不是充满艺术风格的酒店或法兰西的风情，而是那一口咬下去满是热洋葱和起司的法式火焰薄饼（Flammekueche），一点儿都不高级和优雅的味道，却足够刺激和满足。

年轻的我第一次踏上异国的土地。虽然历史上斯特拉斯堡曾经交替隶属于德国和法国，但这里的风情，即便是空气对我来说都是自由的味道。

法式火焰薄饼，是我此行真正的目的。坐在我早早预定好的桌子旁，正好是下午两点，正是喝一杯啤酒配法式火焰薄饼的最佳时间。这种传统法式薄饼居然是无心插柳的结果，最初人们把这种饼放在烤炉底部的石头上，用来测试烤炉的温度是否达到做面包的要求。初入口是香脆的麦香混合着热乎乎的酸奶油的香滑，再咬一口会尝出少量培根与洋葱混合的浓郁风味。如此简单的食材搭配，每一口的味道却都不尽相同。专门用来搭配法式火焰薄饼的法国啤酒有一丝丝微甜的味道，与法式火焰薄饼的味道是相得益彰，味浓而清香。这一刻我的思绪带我回到了二十年前。

漫步——斯特拉斯堡

餐后漫步在斯特拉斯堡古城便是极好的消遣。如果有幸赶上斯特拉斯堡周末的跳蚤市场，再淘得一两件心爱之物，与摊主聊聊此物的“家长里短”，也许这就是人生最美妙的时刻了。

游走—— 一千种啤酒的梦幻之地

都说德国有多少个城镇就有多少种啤酒，城市中每个酒馆的啤酒酿造工艺不同也会使啤酒产生不同的口感，从而造就了德国啤酒的传奇色彩。人们都向往德国啤酒美妙的气泡和芬芳的口感，而我更爱沉醉在斯特拉斯堡去探索更多的来自世界各

地啤酒的味道。

或许法式火焰薄饼和斯特拉斯堡对我而言都是我人生自由时代的开启，每一次的故地重游都能找到年轻的感觉。

材料准备

基础食材：

400 克小麦面粉（不要用自发粉）

150 克培根

2 个洋葱

250 毫升温水

2 汤匙油（橄榄油或葵花子油）

1 袋干酵母

调料：

1 茶匙糖

1/2 茶匙盐

150 毫升酸奶油

少许盐

少许黑胡椒

制作步骤

1. 面粉过筛放入大碗中，加入温水、糖、干酵母，均匀搅拌揉制成面团，放在温暖的地方 5~10 分钟进行发酵。
2. 将油和盐放入面团，揉制均匀，用湿润的毛巾盖住碗口，继续放在温暖的地方发酵至两倍大，约需要 30~45 分钟（可以将烤箱调至 50 摄氏度，放入湿毛巾覆盖的面团，节省发酵时间）。
3. 将洋葱切成薄片。将培根切碎，锅中不要放油，中小火煎制 5 分钟（如果你喜欢，可以在培根煎出的油中放入一半的洋葱片煎至半透明状）。根据自己的口味加入盐、黑胡椒和酸奶油调味。
4. 取出发酵好的面团，揉制，直到面团富有弹性，然后放置在案板上醒面。同时，烤箱选择 上下火，预热 240 摄氏度。
5. 将面团分成 4 份，每份擀成 2 毫米厚的圆形或长方形薄饼，放入底部涂好油的烤盘或锡纸上，撒上培根、洋葱和酸奶油。
6. 烤制 5~10 分钟即可。

欧洲 - 法国 - 新阿基坦大区 - 吉伦特省 - 朗贡郡 - 圣迈克森镇

玫瑰色的人生岂能没有一杯美酒相伴
——波尔多烩鱼

"送女孩子，应该选哪款酒呢？"

答案自然是 Sauvignon Blanc ，

因为她的中文名字是 ——长相思。

2012 年 9 月 8 日中午 11 点，让·佛朗索瓦（Jean François）先生已经打开了一瓶桃红葡萄酒。先给我倒上一杯，又给自己斟上，“干杯（Santé）”，随后他幸福满足地靠向椅背。

每年的这个时候是波尔多地区酒庄庄主们最忙碌也最幸福的时刻，葡萄的采摘多少是要靠些运气的，而决定何时采摘只能有一个人，这就是酿酒师。每年一过九月，酿酒师就会在葡萄园里“上蹿下跳”，手捧着葡萄串，仰望着天，嘴里还自言自语：“多几天阳光的照射会增加一些甜度。”“老天爷不会突然来场暴风雨吧？”“三天后摘还是分批次更保险？”

而所有的酒庄庄主每天清晨也都小心翼翼地推开窗户，如果晴空万里立刻就吹着口哨去享受早晨的第一杯咖啡，但凡天边多了几片云彩，面色会立即沉重，不见到太阳，紧蹙的眉头是不会舒展开了。

采摘葡萄也是个体力活，虽然在波尔多地区已经大面积采用机器收割，但低矮处和藏在叶间的葡萄串还需要手工采摘。

每年家里的孩子们都会从巴黎赶回来，这分收获的喜悦是属于整个家族的。

虽然腰酸背痛，但劳作了一天后坐在自家的庭院里眺望着夕阳洒满葡萄园，饮上一口自家的佳酿，憧憬着新酒灌装的画面，这也成了一个重要的节日。

但现在，让·佛朗索瓦先生已经开始担心另一件更重要的事情了。每年葡萄采摘后，就是波尔多地区最盛大的节日——酒庄开放日（Open days）。

这正是我此行的目的，你会好奇什么是酒庄开放日？

吃吃喝喝就是酒庄开放日永恒的主题。

“贝亚特（Beate，酒庄女主人），你是否准备好了橄榄、起司、香肠……”

“阿卡颂的牡蛎是否能准时送到？”

波尔多产区标志

“酒杯是否已擦拭明亮？”

酒庄开放日如同波尔多地区酒庄庄主们的“选美”比赛，各家准备好珍藏的佳酿和美食，盛装等待每一位探访者。每年的酒庄开放日都会吸引欧洲各地的买家、餐厅经营者或只为填满自家酒窖的葡萄酒爱好者。酒庄协会还为探访者们准备了游戏环节，你会得到一张问卷，当然所有的问题都与葡萄酒相关。或许你身旁的某位酒庄庄主可以帮你找到答案。例如：

“赤霞珠（Cabernet Sauvignon）的双亲是谁？”

驾车游荡在乡间路上，两旁是一片片的葡萄园，小岔口上立着酒庄的引路牌，路过的车也彼此挥手致意。而我的后备厢已经装满三箱各式好酒。每次朋友问我你喜欢什么红酒？或许有些俗，但我喜欢的就是“波尔多风格（Bordeaux style）”的酒。波尔多地区为了维护纯正的波尔多风味，目前只有六种红葡萄和三种白葡萄被允许种植和用来酿制正宗波尔多葡萄酒。

赤霞珠：瓶陈数年后发展出的风味和结构是最大的惊喜，单宁含量丰富，橡木味重。推荐搭配我的红烧肉。

梅洛（Merlot）：口感柔滑，单宁含量低，容易入口。含有梅子和无花果的香气。适合搭配炸猪排。

品丽珠（Cabernet Franc）：我喜欢的白马酒庄（Château Cheval Blanc）拥有66%的种植量，非常典型的覆盆子和香草香气，酸度较低，优雅的一款酒。

味而多（Petit Verdot）：个性非常张扬的品种，单宁高，天鹅绒般丝滑，香气馥郁。

马尔贝克（Malbec）：多用于酿制超级波尔多（Bordeaux）干红，增添酒色和结构感，质地稠密，适合陈酿。

佳美娜（Carménère）：独具魅力，酒体"丰满"却很细腻，带着丝丝的咖啡香气。

长相思（Sauvignon Blanc）：浓郁香气和十足的酸度，带有柠檬皮和青草风味，轻松衬托海鲜的鲜美。

赛美蓉（Sémillon）：赋予葡萄酒金黄的颜色，丰富而黏稠的口感及蜂蜜的风味。贵腐甜酒的出处。

密斯卡岱（Muscadelle）：优雅的香气，细腻的低酸度，带给你一种新鲜的果味和"年轻"香气。

书归正传，现在分享这道美食也是波尔多地区的特色，搭配的酒请大家参考以上选择。

材料准备

基础食材：

400 克鳕鱼

2 根胡萝卜（切丁）

1 根芹菜（切丁）

2 个新鲜的番茄（切丁）

1 茶匙橄榄油

调料：

2 瓣大蒜（切碎）

1 个洋葱（切薄片）

1 茶匙茴香籽

少许盐

少许黑胡椒

制作步骤

1. 锅中加入橄榄油预热，放入蒜末、洋葱、胡萝卜和芹菜翻炒约 5 分钟，备用。

2. 锅中加入 100 毫升水和切好的番茄，开锅后转小火，加茴香籽，炖煮 5 分钟，备用。

3. 另起平底锅加油，鳕鱼片放入煎至两面微微发黄，最后把煎好的鳕鱼放入煮好的汤汁（步骤 1、2）里即可食用。

在阿卡颂邂逅幸福，与爱你的人分享——番茄百里香配鳕鱼

旅行，

不是寻找一个完美的地方。

而是学会用发现美的眼光，

欣赏并不完美的地方。

阿卡颂（Arcachon）在过去没什么人烟，也鲜有人知晓。改变阿卡颂命运的是聪明的佩雷尔兄弟，他们独具慧眼地看到了阿卡颂的地理优势（距离波尔多不到，40 千米），引领潮流，于 1852 年在阿卡颂率先开发了饭店和别墅，并请来了名人代言。这位名人可不是一般的来头，他们就是拿破仑三世和皇后。自此阿卡颂成了上流社会趋之若鹜的地方。波尔多的王公贵族和中产阶层的酒庄主们都以来这里度假为荣。

既然是贵族聚集地，那么维多利亚风格的豪华别墅就是标配，这个以四季命名的小城最有特点的就是冬镇（La Ville d'Eté）和夏镇 (La Ville' dHiver)。在这里，慢慢地吃饭、慢慢地喝酒、慢慢地行走就是最接近贵族范儿的方式。

无从考证是否因为投其所好还是巧合，拿破仑的最爱——牡蛎也盛产于这里。

“她们的吃法很文雅，
用一方小巧的手帕托着牡蛎，
头稍向前伸，免得弄脏长袍；
然后嘴很快地微微一动，
就把汁水吸进去，蛎壳扔到海里。”
——《我的叔叔于勒》莫泊桑

让阿卡颂声名远扬的还有一个原因，那就是比拉大沙丘（The Dune of Pilat）。这是欧洲最大的沙丘，海拔 110 米以上，大约 3000 米长。它的奇特之处在于一边是波澜浩瀚的大海，一边是郁郁葱葱的森林，而这个大沙丘每年还在继续生长中。

大西洋独特的洋流环境让这里的牡蛎呈现出流畅的泪滴形，口感清新，有一种海洋的清新，更适合初次尝试生食的人，没有那么刺激。

“不要在英文中没有‘R’字母的月份吃蚝（Don't eat oysters in months without an R）”。也就是说，9 月到第二年 4 月，是最佳品蚝期。

想象一下你徒步顶着烈日手脚并用的爬上沙丘顶部，眼前豁然开朗，海风轻抚，那一刹那你只有一个感觉——不虚此行。

相比较干登顶，我更喜欢放飞自我地滑下大沙丘。滑行的快感可以让我重温孩童的快乐，于我而言，这是一次美妙的经历。

在阿卡颂，很少有比海滩更好的地方，连绵数千米的白色沙滩及遍布海岸线的餐厅和酒吧。我建议你继续向南走到比斯卡罗斯（Biscarrosse），那里有大片的松树林，

更是冲浪的最佳地。你可以放心地冲浪，因为这些海滩也有救生员在巡视（他们都很帅哦）。

天气好的时候，美好的夜晚也会延长，一切都变得活跃起来。海边平台和市中心会挤满了人，喝一杯或者好好享用一顿海鲜大餐，看看表演，听听音乐会，或者试试手气，走进夜总会感受沸腾的生活，阿卡颂的夜晚是独一无二的！

无关年龄，一些浪漫的事物，一分美好的期待，一种迸发的激情，这些都不能从现实生活中褪去，是它们让生活变得更美好，让内心变得更柔软。

旅游小贴士：

La Village du Moulleau：

La Village du Moulleau，值得停留。在那里，您可以找到精品商店，以及海滨餐厅。如果你厌倦了满脚的沙子，那就在户外咖啡馆里找张桌子，从远处看看风景吧。

Réserve Ornithologique du Teich:

这个位于阿卡颂以东 14 千米的鸟类仙境，是法国仅有的两个鸟类保护区之一。此前该地区是湿地沼泽，吸引超过 250 种的鸟类，其中不乏非常稀有的品种。更有相当多的鹳鸟的巨型巢在这个保护区里。

材料准备

基础食材：

400 克番茄（切碎）

4 片鳕鱼

1 茶匙橄榄油

调料：

1 茶匙红糖

1 茶匙酱油

1 个洋葱（切碎）

少许盐

少许黑胡椒粉

几片百里香叶

几片罗勒叶

制作步骤

1. 在锅中加入油烧热，然后加入洋葱碎，炒 5~8 分钟直到洋葱出现轻微焦色。放入番茄、红糖、百里香叶和酱油，直至煮沸。开锅后再炖 5 分钟。

2. 另起一只平底锅，少许油，双面煎鳕鱼至金黄色。别忘记放入少许的盐和黑胡椒粉调味。

3. 将鳕鱼放入盘子中，浇上第一步中的酱汁。放上几片罗勒叶装饰即可。可搭配烤土豆享用。

欧洲 - 法国 - 普罗旺斯大区 - 戈尔德

我想和你一起生活在某个小镇
——焗酿白洋葱

我想和你一起生活在某个小镇，

共享无尽的黄昏和绵绵不绝的钟声。

在这个小镇的旅店里，

古老时钟敲出的微弱响声像时间轻轻滴落 。

—— 玛琳娜·伊万诺夫娜·茨维塔耶娃

岁月是最好的奖赏。

我很享受自己慢慢变老的过程，头发灰白、肌肉松弛也坦然的接受。不再急着赶路，开始学会放弃卫星导航为你规划的高速公路，转而悠闲地走在乡间小路上。

遇到天空之城——戈尔德（Gordes）仿佛是命运的安排。结束了在南法的休假我准备借道瑞士返回德国，南法的乡间公路上时而显现崇山峻岭，时而见到片片薰衣草田，时而路过红土色的小村落。

沿着蜿蜒的公路一路北上，当反光镜被夕阳晕染时，我决定找个小村庄休息一晚。顺着天空之城——戈尔德的小路牌驱车前行，坡度越来越大，一侧是山体，一侧是石头砌的围挡，又拐了两个弯，感觉仍在向上攀行。毫无征兆地，天空之城就出现在我眼前，被夕阳余晖勾勒的轮廓深深地印在了我的心里。

路的左侧有家民宿（bed & breakfast），我毫不犹豫地把车停了进去。“住店吗？”老板娘追出来问我。“让我先拍张照片。”我一边回答一边向外跑去，刚刚好，抓住了最后几秒钟的夕阳。

我决定先参观一下这家小酒店，顺着沙石小路走进去，几幢石头小房子错落着，小巧精致的花园能感受到主人的用心，穿过家庭客厅式的接待处来到一幢被葡萄藤掩盖的小石屋前。屋内的陈设简单却温馨，透着法式的慵懒，正合我意。随着年龄的增长，我越来越喜欢这种独具特色的家庭旅馆，信步走到泳池边，山下美景尽收眼底。

在这个万籁俱寂的小镇一夜好梦到天亮。天亮了，天空之城的白天和黑夜完全两副模样，人潮从四处涌来，教堂前的中心广场上人声鼎沸。正赶上每周两次的当地集市，商贩们从周边地区带着自己最得意的“作品”赶来参加这场大秀。

新鲜的瓜果蔬菜、法国特色香肠、各类色彩鲜艳的餐具如同梵·高的调色盘、当地特色橄榄木的手工艺品、以天空之城为主题的各类摄影作品比比皆是，画家们静静坐在一隅用画笔勾勒着阳光下的街景，路边的咖啡馆和面包店飘出来的香气胶着在一起……

这就是我梦想的完美生活，是我想和你一起生活的小镇。

就用这道南法特色酿洋葱带我重回这个天空之城——戈尔德。

材料准备

基础食材:

4 个中等大小的白洋葱

250 克熟肉（烤猪肉或烤鸡肉）

或 250 克新鲜小牛肝

1 片面包

1 个鸡蛋

食用油

黄油

调料:

100 克奶酪

少许盐

60 克混合香料（香芹和小香葱）

新鲜研磨的胡椒

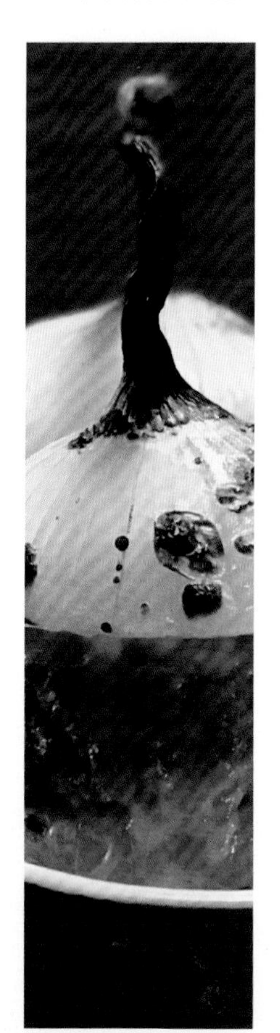

制作步骤

1. 将烤箱预热至 200 摄氏度。剥洋葱，要保持第一个白色层完好，然后放入开水中烫 10 分钟（此时洋葱还能保持坚挺状态）。将所有洋葱的顶部都切掉做盖子，然后小心挖空洋葱，直到你留下一个 2 层洋葱瓣厚的外壁。将挖出来的部分放在一边，备用。

2. 将肉切成小块，如果使用新鲜的小牛肝，先将其切成小块，然后用热油快速把它炸熟。

3. 香芹和小香葱切碎，把面包烤干然后磨碎成面包屑。将鸡蛋煮熟，然后剥皮切碎。

4. 将切好的肉、葱碎、面包屑和切碎的鸡蛋混合，再加一半磨碎的奶酪，然后用盐和胡椒调味。将混合物小心塞回挖空的洋葱中，然后把顶部盖子放回去。

5. 用黄油均匀涂刷烤盘底部，将填装号的洋葱小心的放入烤盘烤 15 分钟，然后取出，将顶部的盖子取下来备用，将其余的奶酪洒在上面，再放回烤箱中烤 10 分钟，至酥脆而金黄，取出后将洋葱顶部的盖子盖好。可以选择趁热享用或放凉再吃。

PREMIUM BANANAS

跳蚤市场捡个漏
——土豆香肠砂锅炖菜

一个人持有的东西是他部分人格的呈现。

——马丁·海德格尔（德国哲学家）

易北河上的德累斯顿（Dresden）原意为“河边森林的人们”，所以全城的中心和景观都沿着易北河的两岸建立。岸边开阔的草地，平时是人们散步、休闲、发呆的好去处，间或有些艺术学院的学生在此写生，每年夏季在此举办的露天音乐节更是热闹非凡。同样的，这片河岸一到周六就人头攒动，仿佛全城的人都聚集在此——因为跳蚤市场开市了。

人生像个漂流瓶，收集了自己的心愿，等待着对的人去打开。对物品而言，又何尝不是呢？市场上大多是一些家居用品，旧餐具、旧工具、瓶瓶罐罐、旧唱片、旧家具……无一例外的烙上了时间的痕迹，而这恰恰是旧物的魅力所在。旧物的质感是时间带来的，你只需付出耐心和理解。

跳蚤市场最大的吸引力是时间差，你会恍然有一种穿越时空的感觉，买卖的过程成就了一种生活的交换。在第二次世界大战以前，德累斯顿是德国相机和钟表的制造中心，在中国有名的格拉苏蒂和朗格就诞生于此，并传承至今。在市场上，如果你运气好，就能淘到一款心仪的古董相机，又或是一块纯机械的德国产的格拉苏蒂手表，这就是古董（Vintage）爱好者的乐趣吧！

没有任何东西是廉价的，只有廉价的成见。或许做工有些粗糙，或许材料不够精致，或许功能有些单一，或许貌不惊人……但当这些物品经历时光积累上重叠的伤痕，时间的意义才会在那里显现，至少证明它曾经存在过。

于我而言，去市场是充满兴奋和期待的，就像去赶赴一场未知的约会，是为了与某件物品的会面。但是你头脑中完全没有一点儿概念和轮廓，一切都是未知数，一切都是命运的安排。我想这也是跳蚤市场让我着迷的原因吧。今天会遇见谁呢？跳蚤市场沿着河岸一字排开，分成几条通道，但是没有严格的分界线和规划，你要先想好从哪里开始闲逛，否则一会儿工夫你就会被淹没其中，完全不记得看过哪些摊位。虽然每次都没有任何购买目标，但当那件物品来到我眼前，它们的模样和形状却会自发地从我心底浮现，如同我们似曾相识，是的，这正是我想要的。

这个周末收获颇丰，为我的花园添了个小推车，最中意的还是这个木质提篮收纳盒。它曾是原东德几乎家家都使用过的针线箱，现在的德国人也没有多少人会缝缝补补的手艺了，所以自然也就退出了历史的舞台，静默在市场的一隅。可我不会把它当作摆设，我有个更好的主意——我的厨房里正缺一个盛放各种香草和香料的盒子。每次打开这个奇妙的盒子，就会变幻出一道佳肴。你喜欢这个想法吗？

电话铃响了，因为难得回家，今天我的妈妈亲自下厨准备了我最喜欢的土豆香肠砂锅炖菜 。

材料准备

基础食材：

4 个土豆

200 克培根

4 根烟熏香肠

500 毫升牛奶

隔夜的面包棍（更富有韧性和脆劲儿）

2 个鸡蛋

调料：

脱脂酸奶

少许海盐

少许黑胡椒

2 个洋葱

1 颗肉豆蔻

制作步骤

1. 土豆去皮蒸熟打碎成土豆泥状。

2. 牛奶温热后加入面包，使其充分吸收后泡软，洋葱和培根切碎粒。

3. 鸡蛋打碎加入黑胡椒、海盐、肉豆蔻搅拌调味，加入脱脂酸奶和土豆泥，面包挤出水分加入，将所有材料充分搅拌。

4. 将培根用油翻炒至焦糖色，放入搅拌好的土豆泥中。

5. 烤箱预热至 180 摄氏度，在平底炖锅中放入土豆泥约 6 厘米深，把烟熏香肠均匀码放在土豆泥上面，再加入土豆泥，修整表面平整。

6. 平底炖锅放入烤箱，不要加盖，烤制 30 分钟后观察表面颜色，如果担心颜色太深可用铝箔纸盖在平底炖锅表面，再加热十分钟即可。

旅游小贴士：

德累斯顿跳蚤市场（ELBEFLOHMARKT）地址：

Käthe- Kollwitz- Ufer

An der Albertbrücke

01067 Dresden (Every Saturday 8am — 4pm)

注：为了严谨，德国的路名没有直译成中文词汇，直接通过德文的地址搜索可以直接找到这里。

欧洲 - 法国 - 阿基坦大区 - 吉伦特省 - 朗贡郡 - 圣迈克森镇

男人一生的理想地在南法—圣迈克森
——奥尔西尼鸡蛋

这段流传了三百多年的话，

似乎已是德国每个男人的人生目标。

“男人的人生要建一座房子，

种一棵树，

生一个儿子，

写一本书。”

这是德国伟大的诗人海因里希·冯·克莱斯特（Heinrich von Kleist）

给爱人的信中写到的。

当我提笔写这篇文字时，心里竟然有一种冲动，希望酒庄的主人，我的朋友看到记忆酒庄（Château Mémoires）不仅仅在我的记忆里，也在我现实的北京的生活里。

现实总是离梦想差一小步，而旅行恰恰是走近或者说是去体验梦想中的生活。喜欢一个人的旅行，不用妥协，没有了牵强，只是单纯地对自己慷慨一些的好。

圣迈克森（Saint-Maixant），法国的一个小村庄。曾经每年的六七月份，我都会来到这里，持续了大约十年光景。这里满足了我对完美生活的期许，更有我最爱的美酒和美食。

这个小村庄没有传统意义上的酒店，用今天流行的概念应该叫民宿。这是一个有着 300 多年历史的酒庄，酒庄的主人一家五口每日在葡萄园耕作，傍晚时分我们像家人一样围坐在一起用餐。所有食物都是产自当地和周边的村庄，做法虽不考究，但每一种纯粹的食物本身的味道却让你欲罢不能。

在每日游荡和无所事事几天后，我被允许帮主人家分担一些家务来抵我的住宿费。去市场购物是我最喜欢的劳动之一。女主人会列下清单，最重要的是面包，必须买路口左手第三家面包坊的，番茄一定要买戴着头巾的、棕色头发老妇人的，橄榄一定要选喜欢不停聊天的白头发的那个商贩的。在这里，我体验到了享受地道食材的幸福感。原来单纯的背后也是一种坚持。

一道简单的培根配煎蛋已让人垂涎欲滴，再配上酒庄自产的葡萄甜酒——凯迪拉克（Cadillac），我愿用此生换做此刻的停留。培根用的猪肉是来自酒庄主人自己饲养的家猪，抹上厚厚的一层盐，经过一个冬天的自然风干，再配合南法的气候，产生了在别处绝对吃不到的独特的味道。

我一直好奇家族运作的这个小酒庄，或者说更像个小农场的地方，是如何酿造出凯迪拉克这款葡萄甜酒的，这款佳酿在波尔多地区的盲品中获得了金奖。顺便提一下，这“凯迪拉克”与在中国耳熟能详的凯迪拉克汽车同名。在不断造访这个小村庄和这家主人后，我逐渐明白了个中缘由——简单、真实、单纯。最妙不可言的是这个酒庄没有变，一直没有变。

不知道是性格使然还是酒庄的名字 —— 记忆酒庄，似乎有一种神秘的力量，让我一次又一次拜访这个小村庄。或许仅仅是因为单纯享受无所事事，任岁月任性的寂静流过；又或许单纯因为迷恋午后这分惬意。

材料准备

基础食材:

2 个鸡蛋

15 克磨碎的奶酪

黄油

调料:

少许盐

胡椒粉

制作步骤

1. 将蛋清和蛋黄分离，保持蛋黄完整。

2. 蛋清放入盐调味，使用打蛋器快速搅打，把蛋清打发至干性发泡的状态。在打好的蛋清上放上一个小茶匙，茶匙不会陷进打发的蛋清中即可。

3. 烤箱预热 180 摄氏度。

4. 在一个可入烤箱的矩形碗中涂上黄油，倒上打发好的蛋清，用木勺将表面按压平整。中间挖出两个小洞，放入完整的蛋黄。

5. 撒上胡椒粉和奶酪碎，放入烤箱烤制 30 分钟至表面金黄即可。

欧洲 - 西班牙 - 巴斯克自治区 - 吉普斯夸省 - 圣塞瓦斯蒂安

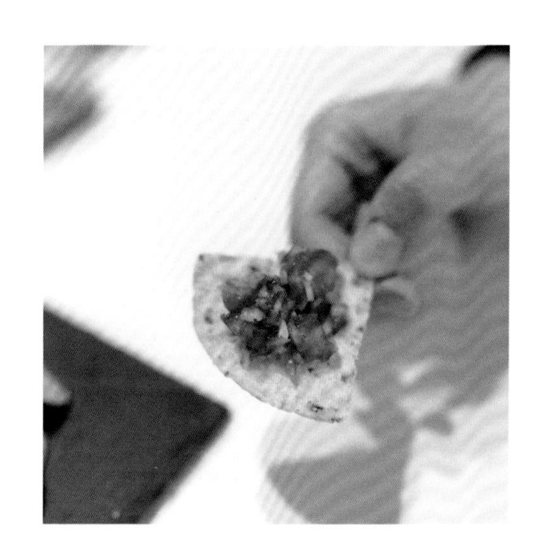

圣塞瓦斯蒂安的日落和塔帕斯
——玉米片配萨萨酱

任何地方的美食都是了解当地人文化与生活态度的捷径，

用中国人的话来讲就是“一方水土养一方人”。

随性洒落各处的品绰斯小店也正如圣塞瓦斯蒂安的人们，

过着随意而又充满热情的生活。

圣塞瓦斯蒂安(San Sebastián)的海滩是优雅而又慵懒的，如同一位优雅的女士。这个城市是欧洲拥有米其林餐厅最多的地方，更是每一个吃货的朝圣地。而我的至爱却是日落时分开始热闹的、散落于古城各处的品绰斯【pintxos：圣塞瓦斯蒂安特有的提供塔帕斯（Tapas）和酒水的小酒吧】。

这个城市是西班牙最美的城市之一，更是个节奏缓慢的城市，而日落之后，古城的夜生活才刚刚开始。

品绰斯小店在古城中一家挨着一家，情侣的约会、三三两两的小聚，或是下班后的呼朋唤友，人们大多选择在这些小店，因为环境轻松惬意、食物选择多样，又能照顾每个人的口味，不会显得过于正式。标准姿势是左手一杯啤酒，右手端一盘塔帕斯与人分享。或站在吧台边，或站在门外，看着过路的行人风景，与他人谈笑风生的同时，自己也成为古城的一道风景。

随心所欲，穿梭于城市之中，正是享受塔帕斯的最佳状态。我的朋友赵小姐曾经这样形容她在巴塞罗那游荡的日子：“每天傍晚我总是央求着老公带我去吃托托托（赵小姐对塔帕斯的昵称）”。对赵小姐而言，“托”准确地定义出塔帕斯的那分随意。或许对她而言，游走于街头巷尾的每家塔帕斯小店如同小时候探险糖果店一般诱惑。

正如当地人告诉我的塔帕斯的起源一样，无任何的刻意为之，从放在啤酒或红酒杯口的那片阻挡蚊蝇的小面包衍变为流行美食，甚至成为西班牙美食的代表。

塔帕斯就像西班牙的国粹弗拉门戈舞一样被大家接受和喜爱。没有固定的搭配和做法，完全看厨师的心情和你冰箱里的存货，任性而又自信。

每家小店都有自己拿手的塔帕斯，种类繁多的塔帕斯多由海鲜鱼虾、西班牙特色香肠、土豆、小片面包搭配组合而成。即便只是几种基本的原料却变化衍生出每家二三十种不同的特色。而每个小小的塔帕斯都料理得精致又充满诱惑力。你无法在一家品绰斯小店完成你所有的选择，多数人会流连三五家小店做出不同的尝试和评判后心满意足地继续游荡在温润的海风里。

我的最爱是西班牙血肠版的塔帕斯，微辣又劲道的口感、些许蒜香配合橄榄油的清香，那一小片托底的面包恰到好处地综合了血肠与酱料的精华，其红、黄两种色彩也正如西班牙国旗一样让人联想到阳光与热情。

不管天气如何，日历翻到了哪一页，时钟指向几点，与朋友小聚总是令人充满期待。相比较于中国人的用餐传统，我更喜欢亲手制作美食与大家分享，而塔帕斯是朋友聚会的不二选择。

我独创的中国四川萝卜泡菜与橄榄的组合总是能够俘获好友的味蕾，朋友好奇

我哪里来的奇思妙想，答案很简单——对食物的理解和尊重。

享用过塔帕斯，再与你心爱的人一起去吹吹海风，生活如此美好！今天分享这道玉米片配萨萨酱最适合朋友小聚时作为餐前小食，或者花园野餐时食用。

塔帕斯制作指南：

你可以用高贵华丽的西班牙火腿搭配甜椒，也可以用热情奔放的血肠任意组合，即使用简单的鸡蛋沙拉也能变幻出不同的美味，品种丰富的海鲜更是当仁不让的塔帕斯天地的主角。而西班牙盛产的橄榄更是每个塔帕斯的灵魂。你还可以借鉴毕加索的几何彩块，堆积创造出你独有的塔帕斯。

材料准备

基础食材：

1 袋玉米片（原味或者微辣）

3 只新鲜的番茄

30 毫升橄榄油

调料：

3 只新鲜的小尖椒

5 棵香菜

3 瓣大蒜

50 克番茄酱

20 毫升葡萄酒醋

海盐

黑胡椒

砂糖

新鲜的罗勒叶

3 只小洋葱

1 只柠檬

制作步骤

1. 小洋葱和大蒜瓣切碎，备用。

2. 小尖椒对半切开，掏出籽冲洗后再切碎，备用。番茄掏出籽，去除底部的硬底后再切碎，备用。将柠檬榨汁和葡萄酒醋混合，加入一茶勺砂糖、橄榄油。

3. 取一只碗，放入所有切碎的食材和酱汁，搅拌均匀后再加入海盐，黑胡椒调味。放入冰箱保鲜 10 分钟。

4. 香菜只选用叶子部分，切碎，放入冰箱保鲜过后的萨萨酱汁中，放上罗勒叶装饰，完成。将萨萨酱放在玉米片上一起食用。

注：玉米片可根据个人口味选择原味或者微辣。

亚洲 - 中国 - 北京

我在北京的日子——红烧肉汉堡

"好吃",

是我学会的第一个中文词汇，

我喜欢这个简单而又直接的词,精准地定义出美食的界定标准。

生活又何尝不可简单一些呢。

我相信是我骨子里的那分不安分守己，才成就了生命中许多的相遇。我要感谢那分不安分守己，引领我来到北京，喜欢北京的大气，喜欢这里的人，让我义无反顾地留下来。

每次德国的朋友问我 ——

“为什么喜欢北京？”

“因为北京是个很神奇的城市。”

北京论现代绝不亚于任何一个国际大都市，世界知名设计大师的建筑在北京；国际品牌争先恐后地在北京开着超大的旗舰店；不出三里屯或者国贸商圈，你就能品尝到世界各国的美味，有些德国餐馆比德国本土做得还地道；论艺术范儿、文艺范儿，各类大型展览和艺术家聚集地在北京如同找到乐土，就连书店都有 24 小时开放的。

如果和北京人讨论传统，那你可找对人了。北京人即便今天也喜欢用“四九城”来区分老北京人还是新居住人。“四”是指皇城的四个城门，“九”是指内城的九个城门，住在不同城区的人各有特色。

老北京人的传统体现在生活各个方面，穿要瑞蚨祥的绸缎，脚下要是内联升的“千层底”，喝的是红星二锅头或者张一元的高碎，就连咸菜也指定是北京“六必居”的；

说话得用“您”开头，传统里透着文化和尊敬。

我喜欢游荡在北京的胡同，我喜欢出租车司机带着儿化音问我“西门儿？”，我喜欢北京人最接地气、最温暖的问候“您吃了吗？”，这一声问候瞬间拉近了彼此的距离。在北京待得久了，就越来越痴迷于中国文字的传情达意，许多简单的词汇中融入生活的憧憬和期许。

一道佳肴一定源自一个美好的念头，“贴秋膘”，顾名思义为迎接寒冬做充足的准备。红烧肉有着油亮亮、红彤彤的色彩，是节日餐桌上的一道必点美食。

了解一个国家，从吃开始，你同意吗？没有什么能够阻挡一个吃货对食物的向往。如果有一种滋味常常在舌尖，那一定就是幸福的味道。幸福在于怎样去吃，而不是吃的怎样，这个周末我只想问你一句“您吃了吗？”“好吃吗？”

一千个中国人会有一千种烹饪红烧肉的秘籍，五花三层，肥、瘦、皮要兼备，味厚而不腻才是精髓。每个邻居都能滔滔不绝地告诉我做这道菜的禁忌，“不能放盐会苦的”“北京的酱豆腐是红烧肉最好的调味品”“糖要放两次，一定要冰糖”“一定要用铁锅小火慢炖”……我被这道美食彻底征服了，如此常见易得的食材却能成就如此的美味。经过一年多辗转品尝各家手艺和拜师学艺之后，现在，我要为你做一道惊天动地的——红烧肉汉堡。

材料准备

制作时间：35~40 分钟，四人份

基础食材：

500 克五花肉

4 个汉堡白坯

1 颗大叶生菜

调料：

大料

生抽

老抽

冰糖

葱

姜

辣椒

红曲米

盐

黑胡椒

蛋黄酱

芥末酱

如果你喜欢焦脆的口感，红烧肉蒸制完成后可入烤箱用 180 摄氏度烤制 3 分钟。

制作步骤

1. 五花肉切成 5 厘米 ×1.5 厘米 ×1.5 厘米长条块状，凉水下锅，开锅后汆出血水，捞出待用。

2. 炒锅低温，不放油，把五花肉放入煸炒，炒出些许五花肉的油脂最佳，此过程需要 2~3 分钟。

3. 锅中放入大料，少许老抽上色，生抽调味，加入葱、姜、辣椒提鲜，一小匙红曲米增色，放入开水没过五花肉。盖上锅盖炖 10 分钟收汁，加入冰糖增亮，盛出入盘。

4. 这一步可是独家秘籍，把红烧肉放入蒸锅，隔水蒸 25 分钟，此步骤可以使肉质细嫩并榨出更多油质，口感更好更健康。

5. 在蒸制红烧肉的过程中，把汉堡白坯用烤箱加热，以 150 摄氏度烤制 2 分钟。如果你喜欢更酥脆的口感，也可以在烤箱里放一碗水，持续加热 7~10 分钟。

6. 调制一款独门酱汁，将 2 茶匙蛋黄酱、一茶匙芥末酱、少许盐、少许黑胡椒调匀。

7. 把红烧肉、生菜、酱汁依次放入汉堡坯，请充分发挥你的想象力加入你喜欢的食材与调料。

这个冬天，我去了汉堡——水手烩菜

汉堡市是个很容易让人亲近的城市，

湿度保持在令人舒适的范围，

城市中的建筑不是你印象中清冷的德式冷淡的“范儿”。

尤其在雨中，

那些古老的红砖建筑仿佛又加深了一度的润色 。

在湿润的空气里，脚步也会慢下来，智利大楼（Chile House）的周边布满了买手店、设计家具店、钢琴店、创意礼品店……

走得冷了，逛得累了，就随便找一家咖啡店走进去，点上一杯热巧克力，上面堆满白白的奶油。相信我，味道一定很地道。因为对面就是汉堡市的巧克力博物馆，任谁长期耳濡目染也要学会一两招傍身的技能。

拥有音乐大师勃拉姆斯的汉堡市注定是浪漫又充满艺术气息的城市，但她不是咄咄逼人的那种高冷，是那种举手投足不经意散发出的优雅。汉堡市人很注重衣着，要比满大街爱穿"狼爪"的其他城市的德国人更讲究一些。偶遇河边漫步的老人，一身酷黑修身的外套偏偏颈间是一抹草绿色的羊毛围巾，就连手里牵着的小狗的毛发也是打理得干净整齐的。

在遍布一线国际品牌的商业中心居然有家安静而不招摇的建筑设计书店Sautter+Lackmann Fachbuchhandlung，无论是展示空间还是图书种类都让你不由得发出一声赞叹。这家书店还被德国政府文化和媒体推广部推荐为"2017最佳书店"。

街景摄影、以山为主题的风光摄影集、工业设计大师和他们的成名作、椅子系列设计演变史、腕表功能设计圣经……你还能找到"蓝血"牛仔的文化族谱。一位优雅的老者见我在各类摄影集前止步不前，特意向我介绍离此不远的摄影博物馆。

1911年，这里曾经是汉堡最大的批发市场，来自世界各地的货物在这里又被德国各地的商人带回各自的城市。整个建筑自带岁月痕迹的工业质感和一股"艺术范儿"，这里免费提供给那些老照片收集者和摄影师举办各种类型和主题的摄影展。借由别人的镜头去看世界，你会发现时间是具象的，而时间的记忆也会转化为情感的链接。

走出博物馆时已是傍晚，穿过一座小桥走到河的对岸，一片稍许破落的低矮建

筑前居然挂着“星期五”（Freitag）的标识。我会心地笑了，或许汉堡市这个多雨的城市更适合防水材料制成以环保而出名的“星期五”这个品牌。我想汉堡市的气质和这个包也很搭。

时尚界有种说法，两个都背着“星期五”的人相遇，彼此会默默点头，这是一种对生活态度的默契。只有真正酷的人才会背上一只“星期五”，因为材料的特殊性，每只星期五都是独一无二的，每只包包上都有一句话“简单，力量，难看”， 或许应该把“难看”翻译为“真实”会更准确。正如昔日的汉堡市阅尽千帆，今日的汉堡市旧貌换新颜，岁月见证，也依然是独一无二的。

去汉堡的集市上转转绝对是个好主意，位于铁轨下的易斯（Isemarket）是个著名的露天市场，接近 1 千米的长度可以称之为欧洲最长的露天市场。

多达二百家摊位沿着铁轨线依次摆开，货品琳琅满目。鲜花摊位挨着各类鱼鲜和小食，世界各地的奇异香料，不知从哪家阁楼里淘来的老旧物件，老奶奶手作的斯佩尔特小麦的枕头，水灵灵的蔬果，还有被灯光温柔衬托的让人垂涎的各式香肠还有个加纳男人在售卖各式色彩鲜艳的手编竹篮。居然还找到了我最爱喝的沙棘果汁。

提着新买的竹篮子装着两瓶有机蜂蜜和我的沙棘汁，我准备找个地方好好吃顿

午饭，以弥补我一早在市场闲逛而消耗的体力。

汉堡市的饮食文化因为各国商船和水手经年累月的影响，也是独具特色的，其中有道水手烩菜（Labskaus）更是声名远扬。原本是海上的厨师为了船上的水手准备的病号饭，却因为厚重的味道，又让人暖意浓浓而成为汉堡市独特的当地菜肴。有些好吃的菜就是没有卖相的，但你却无法抵抗味道的吸引。我满足的抹抹嘴："真是美味呀。"

现在就与大家分享这道水手烩菜。

材料准备

基础食材：

300 克腌牛肉

400 克土豆

2 个鸡蛋

黄油

牛奶适量

红菜头

调料：

1~2 个洋葱

酸黄瓜

盐

制作步骤

1. 土豆削皮切成小块，放入盐水锅中煮熟，盛出。

2. 洋葱切碎，放入热油锅中炒至棕黄色。将腌牛肉切小块，放入锅中，翻炒直至松散。

3. 将煮熟的土豆加入锅中，再依次加入牛奶、黄油和盐，充分搅拌混合盛盘。

4. 将鸡蛋煎熟，放在烩菜上，搭配酸黄瓜、腌鱼和红菜头即可享用。

欧洲 - 德国 - 巴登符腾堡州 – 巴登巴登市

巴登巴登用一池温暖拥抱你
——黑森林杜松子香梨烤里脊

“在这里，5 分钟后你会忘掉你自己，20 分钟后你会忘掉全世界。”

—— 马克 · 吐温

除了爱与美食，在凉意初起之秋隐匿在温泉之中，让那一池的温暖慢慢地漾开直到微汗脸颊绯红，这里是 —— 巴登巴登（Baden-Baden）。

巴登在德语里是“温泉”的意思，一个富有节奏感并用得如此理直气壮的地名，这里是欧洲乃至全世界各地人们情有独钟又流连忘返的小镇。

我想从古至今，人们对假期的向往都是简单而又纯粹的。你只需忘却时间、抛开身份、逃离片刻的世俗，凭借大脑的条件反射，去寻找一切有关幸福与美好的事情。一顿米其林晚餐、一瓶来自黑森林的黑皮诺红酒，还有，怎能忘却这历史悠久、声名大噪的罗马—爱尔兰式温泉呢。而这里也是世界上唯一 保留了古罗马全套 17 个泡澡步骤的浴场，你只需简单的追寻着阿拉伯数字 1~17，就可以感受到马克·吐温是如何在这里“忘掉”世界。

音乐大师勃拉姆斯曾经说过，他对“巴登巴登”永远有着一种难以言传的向往。

“巴登巴登”是个不太德国的德国城市，少了些严肃古板多了些悠闲雅致。走在古朴的石板路上，鳞次栉比的建筑充斥着巴洛克、古罗马风格的元素，几乎每个街角都有个小喷泉，水是这个城市的灵魂。

喷泉四周总是贴心地环绕着咖啡馆、面包店、小餐馆。不时看到当地的人们牵着一条牧羊犬，或是静静地闲逛，或是怡然自得地坐在长椅上。

上了年纪的老先生穿着老式西装，头戴质地考究的礼帽，擦肩而过，如果有人问路，他们会用略慢的语速，用英语认真回答并稍作指引，礼貌而不过于热情。游客们也慢下了脚步，买一杯啤酒就坐在阳光下，而孩子们围着喷泉好奇地研究源源不断的水是来自哪里……

此次入住的酒店是一对夫妇利用自家的别墅改造的酒店，两栋独立的小楼围合成一个花园，每一个入住的客人都可以在花园里享受免费的下午茶。主人家就在别墅的一层，既方便照顾生意又让花园里多了些烟火气。隐匿在草丛中的小天使，红砖砌起的烧烤炉，旧轮胎的秋千……

入夜了，想疯狂一把，巴登巴登有着最古老而又被称之为世界最美的赌城。这里没有拉斯维加斯那般的疯狂，这里一如既往地维持着他的那分安静，甚至连赌场的名字也更为雅致——休闲宫（Kurhaus）。小赢一把的人们在商店买个礼物犒赏自己，输了的，也不过笑笑，潇洒离开。

就是这样一个可以享受世间所有生活乐趣的地方，一个与世间所有奢华相关却不张扬的小镇，宁静而又安详。时间在这里似乎也放慢了脚步，让你沉浸在这个中欧小镇。

材料准备

基础食材：
400 克猪通脊
2 茶匙黄油
调料：
1 片月桂叶
4 颗杜松子
1/4 升红葡萄酒
1/2 柠檬
4 茶匙蔓越莓酱
少许盐
少许黑胡椒碎
1 个洋葱
1 个梨

制作步骤

1. 在热水中洗干净杜松子，沥干水分，放置备用。

2. 将红酒倒入大碗中加入洋葱碎、杜松子、月桂叶和黑胡椒碎，制成调味酱汁。

3. 将猪通脊完全浸入调好的红酒汁中，覆盖上保鲜膜放置冰箱中腌制半天。

4. 从红酒汁中取出猪肉，擦干，并撒上盐。将黄油放置锅中加热，将洋葱碎等调料（除去杜松子）从红酒汁中筛出，放入锅中与猪肉一起烹制 3 分钟。倒入调制好的红酒汁将其煮沸，搅拌均匀，调至小火炖煮 1.5 小时。

5. 将烤箱预热 60~75 摄氏度，将猪肉放入烤箱保温。将酱汁用筛子过滤后倒回锅中，熬至浓稠。

6. 将梨去皮对半切开，用茶匙挖出梨核，并洒上柠檬汁。在不粘锅中加入 1/3 的水（大约 1 厘米深），加入柠檬汁，将其煮沸。将切开的梨，切面朝下，在锅中烹制约 3 分钟。

7. 将烤制好的猪肉切片、装盘，淋上酱汁。蔓越莓酱放在梨上与猪肉上一起享用。

旅游小贴士：

温泉之城——

这里的温泉自罗马时代起就吸引着名流贵族们接踵而至，为这座小镇奠定了浓郁的贵族气息。到19世纪这里俨然已成为欧洲的夏都，各国王侯权贵云集此地，世界上所有你能想到的大人物，比如拿破仑三世、维多利亚女王、俄国沙皇亚历山大一世和普鲁士国王腓烈特・威廉，甚至是大仲马、毕加索等文人墨客到了这里也皆爱这温热之水。

赛马——

每两年一次的国际赛马盛事使巴登巴登成为赛马爱好者的聚集地。“春会”(6月)和“大赛周”(9月)不仅吸引了广大的马迷，而且还有很多社会名流前来，赛马不仅仅是一种赌博，也作为一种社交娱乐活动而受到民众的喜爱。

赌场——

巴登巴登的赌场建成于1824年，是德国最大最古老的赌场，一百多年以来，这个赌场从未中断过营业，即使在两次世界大战中也照常开放。进入赌场男士须西装领带，女士须衣着得体。

俄国作家陀思妥耶夫斯基曾在这里通宵达旦的狂赌，结果输得一败涂地。后来他把这种上了赌瘾的感受惟妙惟肖地写进了他的小说《赌徒》中，成为传世名作。

温泉浴场——

Friedrichsbad 建于2000年前的罗马浴池的遗址上，让人可以一边浸温泉一边看古建筑。

Caracalla Therme 则更富有现代感。

不过要提醒大家，巴镇的浸浴方式是每周会有几天为男女同池不穿泳衣，去之前可以在官网上确认。

斯特拉斯堡——

这里距离被誉为童话的法国小镇斯特拉斯堡不到60千米，驱车前往只需1个小时。

欧洲 - 德国 - 黑森林地区

（北部：从巴登巴登到佛罗伊登施塔特；
中部：从佛罗伊登施塔特到佛莱堡；
南部：从佛莱堡到瑞士边境。）

黑森林的味道
——黑森林卷

椰子，外壳坚硬，看似“不好相处”，但是坚硬的外壳里却住着最柔软的心。

有的朋友也这样形容德国人。

可这片孕育出约翰·沃尔夫冈·冯·歌德、弗里德里希·席勒、

路德维希·凡·贝多芬的土地，

又怎会缺少浪漫和诗情呢？

德国人的内敛和低调是需要你的耐心来慢慢品味的，而德国人的美食会让人感染上一种新的病症——味觉的思念。

来玩个游戏吧，

白雪公主、蜂蜜、布谷鸟钟。

以上三个画面猜一道美食？

你需要更多提示？“黑森林地区的骄傲”和“每一片都充满独特的森林的味道”。

你答对了，答案就是“貌不惊人”的黑森林火腿。

黑森林地区长久以来就是德国的富庶之地，更是德国浪漫风景的代言人，美食和美酒更是黑森林地区的骄傲，随便走进一家餐厅或者小酒馆都不会让你失望，更有不少米其林推荐隐藏其中。

说到黑森林火腿要先来聊聊黑森林的猪——这里的猪可能是世界上最幸福的猪。

每天在童话般的环境中跑步、呼吸、四处游荡，漫山遍野的松树香气让生长在这里的猪平静而温和。

每年的十一月开始是制作火腿的最佳季节。黑森林火腿的制作工艺依然延续传统的手艺，而制作火腿的手工匠人也成了“美食神话”不可分割的重要组成。挑选出符合条件的猪，如同选美的标准——全身肌肉重量要达到 55~60 千克，脂肪的厚度还必须达到 5 厘米以上，这样才能保证做出最佳口感的火腿。

熟练的手艺人会把剔骨后的猪后腿再修理塑形，确保每一个火腿的重量在 7~10 千克。接下来用腌制盐不断的涂抚和按摩，腌制盐中的法香、黑胡椒、松柏籽会渗入肉的纹理中随着时间的作用散发出独特的黑森林的味道。做火腿是需要极大的耐心和经验，在接下来的三到四周时间中，手艺人要全凭肉眼的观察和经验来判断火腿是否可以进行室外风干了。

能被冠以黑森林名号的火腿是要经过历练和烟熏火燎的。成就美味的关键是黑森林独有的低温烟熏。烟熏的材料全部来自于黑森林的松树枝叶，刻意保持在 25 摄氏度的低温熏制三到四周的时间，让松枝渗出的松脂香气紧紧包裹住火腿的纤维。合格的标准就是火腿要收缩掉 28% 的重量。美好的事情总是值得等待，再经过四到七周的自然风干时间，黑森林火腿才算大功告成。

人会赋予食物意义和灵魂。精选的猪后腿经过几百天的雕琢和风与火的洗礼转换为一道餐桌上的美食。这是黑森林地区的手艺人用双手和热情为你撰写的最美的童话。用热情做出来的火腿满足着食客们的食欲和味蕾，也成了德国国宴上的一道国菜。

材料准备

基础食材：

50 克面粉

1 个鸡蛋

100 毫升牛奶

60 克四季豆

2 片奶酪片

3 片黑森林火腿

半茶匙植物油

烙制饼皮需要额外的 4 茶匙植物油

调料：

少许盐

旅游小贴士：

1. 德国的 B500 公路是世界上最浪漫的一条公路，也是探访黑森林地区的最佳路线。沿途可享受巴登巴登的温泉，以及费罗伊登施塔红色屋顶的童话美景。拜尔斯布龙这个几千人的小镇却拥有三家米其林三星餐厅，更是只有你此行不能错过的停留地。
2. 黑森林更是徒步者的天堂，你还可以预约植物学家带你探索黑森林的奇花异木，山顶餐厅看云海品美食更是不能错过的。
3. 一周的行程安排推荐：直飞慕尼黑，在机场租好车直奔巴登巴登洗去一身的旅程劳累，开始黑森林之旅。途经费罗伊登施塔，拜尔斯布龙，还会经过德国最大的奥特莱斯购物村，Prada、Gucci、Burberry、Hugo Boss 等大牌都在其中。如果你愿意还可以驱车直达法国斯特拉斯堡。

制作步骤

1. 烙制饼皮：

①将面粉、牛奶、鸡蛋、少许盐混合揉制均匀，然后放入碗中盖好静置 30 分钟。

②同时将四季豆清洗干净并剪掉两端，放入盐水中汆熟。

③将面团继续充分揉至均匀并富有弹性，然后擀制成薄薄的小饼。

④在不粘锅中放入少量油，放入面饼烙至两面金黄即可，然后取出放凉。

2. 卷饼：

在饼皮（饼皮也可用中国的春饼、烙饼替代）上放上奶酪片和黑森林火腿，再放上四季豆，然后将饼卷好，切成 4 段或 5 段。可以用竹签将卷饼固定。

吃货指南：

Restaurant Bareiss 米其林三星：
MICHELIN Guide 2017
Hermine-Bareiss-Weg 1, 72270
Baiersbronn-Mitteltal

Schwartzwaldstube 米其林三星：
Michelin Guide 2017
Tonbachstr. 237, 72270 Baiersbronn-Tonbach

注：为了严谨，德国的路名没有直译成中文词汇，直接通过德文的地址搜索可以直接找到这里。

La Glycine
ATELIER

欧洲 - 法国 - 沃克吕兹省

穿过这片橄榄林
——橄榄酱炸猪排

所有的生活早已有了画框，

她就在那里，

等你……

油画《橄榄树》——文森特·梵·高

“双十一”的包裹被拆开后，购物的乐趣好像也就戛然而止了。下一个有理由狂欢而放纵的日子就是圣诞与新年了。

我的助理蒂娜问我：“旅行更快乐还是购物更快乐？”

记得我曾经说过“旅行于我而言不只是送给你现在，还许诺你未来的美好。”这一刻，凝望着我的橄榄油，熟悉的味道正在唤醒我身体里的激情。

庄园油（Farm's Oil）是我为数不多醉在其中而又执迷不悟的心头好。

沃克吕兹省（Vaucluse）是法国最优质橄榄油的产区，并且是第一个被命名的橄榄油原厂地标识的地区（Origin for the oils）。而其中最特别的就是从采摘到成油出品不超过 8 小时的庄园油。

顾名思义，橄榄油是自家庄园收获的，地道产地是质量的保证，而每家地势和土壤的差异又带给橄榄油多样的风味。

为明天的橄榄油品尝养精蓄锐，我在普罗旺斯的圣·雷米（Saint-Rémy-de-Provence）稍作休整。这是个静谧而又充满艺术气息的小镇，梵·高也曾驻足在此并创作了《橄榄树》。

小镇的房子古朴又有斑驳的年代感，但每个小广场和小店门口的色彩与鲜花又

让你觉得生机盎然。艺术家们在街角旁若无人的创作，路人们也都洋溢着灿烂的笑容；无处不在的橄榄的身影挑战着你的视觉神经。快乐是会传染的，我想今年一定是个丰收的好年份。

橄榄油在欧洲也被称为“液体黄金”，从出生的那一刻就是自带光环的。感谢战争和智慧女神雅典娜和海神波塞冬的争斗，让雅典卫城长出了第一棵橄榄树，今天的人们才能有机会享用这种如此与众不同的果实。（注：在希腊传说中，战争和智慧女神雅典娜与海神波塞冬都想占有阿提卡地区。众神经研究决定，谁能给人带来福祉，阿提卡就归谁所有。海神波塞冬用其三叉戟猛击山岩，立即有一股咸水涌出。

战争和智慧女神雅典娜用利剑猛劈山岩，那里当即长出一棵橄榄树。战争和智慧女神雅典娜的礼物受到人们的欢迎。她获得胜利，占领了阿提卡，并把其主要城市以自己的名字命名为雅典。）

橄榄树在种植七年后才能首次结果，每棵树的产量在大年平均在 20~30 千克，而小年就会更稀有。每 5 千克橄榄可以榨取约 1 升橄榄油，也就是说即便你拥有一片橄榄树林，在丰收的大年也只可以得到大约 800 升的橄榄油。

橄榄的果肉苦涩，却又珍贵难得。

如果你亲眼见到每滴晶莹剔透的橄榄油被萃取的瞬间，你才能明白为何农夫们会目不转睛等待着榨取的新油，真的是一滴也舍不得遗落。

一切准备就绪，我的品油仪式开始了。

首先温油，将新鲜的橄榄油倒入一个收口的小玻璃杯内，用掌心温热橄榄油，轻轻旋并转摇晃杯子，让橄榄油气味充分散发。

然后，细闻。探近鼻子，深深吸入一口气，慢慢感觉到了橄榄油呈现的果香味道。

最后，品尝。小口饮入约 3 毫升，别急着吞下去，让橄榄油莹润整个口腔，舌尖去感受甜、苦、辣，并让橄榄油包裹你的味蕾，使香气传至鼻腔。

如果你是个新手，建议你用原味面包蘸取少许橄榄油，试着品尝橄榄油特有的辛香味道。

在法国只有 7 种橄榄油获得了 AOP 标识，分别为：尼斯（Nice）、尼姆（Nimes）、科西嘉（Corse）、尼永区（Nyons）、埃克斯（Aix-en-Provence）、上普罗旺斯（Haute Provence）、莱博德普罗旺斯山谷（Vallée des Baux de Provence）。

而庄园油（Huile d'Olive de France）这一标识则表明橄榄油使用了法国种植的橄榄并在法国磨坊压榨。

橄榄如同人生，历经辛苦才能萃取出最珍贵的那滴。

生活真的可以就这么简单和美好，如果你问我“老霍你幸福吗？”我一定会说“是的。”

因为我要的不多，我知道幸福和欲望是不同的。

正如今天写下这篇文字并回味着旅途中的一切与你们分享已经是幸福的了。

今晚吃什么？

材料准备

基础食材：

4 片猪里脊

2 个鸡蛋（打成蛋液）

140 克面包糠

橄榄油

4 勺黄油

调料：

橄榄酱

盐

少许胡椒

制作步骤

1. 鸡蛋液加入盐和胡椒调味。

2. 将面包糠、鸡蛋液、橄榄酱分别放在三个平盘上。

3. 先将猪里脊擦干，然后将橄榄酱均匀涂在每片里脊肉上，再放入鸡蛋混合物中，最后再蘸满面包糠。用保鲜膜或冷冻袋裹好放入冰箱中冷藏 20 分钟，使其充分入味。

4. 把黄油化开，取出准备好的里脊肉片刷一遍黄油。放入橄榄油中炸 3、4 分钟，直到表面焦黄酥脆。配上青豆、豌豆和一些与奶酪混合的土豆泥即可享用。

Schneeweißchen
& Rosenrot
Anna Barth
1919
2016

欧洲 - 德国 - 萨克森州 - 德累斯顿

德国人的圣诞节——德国圣诞果脯蛋糕

幸福是灵魂散出的香气，

这种香气在特定的时间和场合尤其沁人心脾，

圣诞节恰恰是最完美的时刻。

每年迈进 11 月中旬，街头巷尾总能偶遇“她”的踪影。月桂、柠檬皮、丁香、磨碎的肉豆蔻、少许糖，当然的主角是红酒，否则何以称之为圣诞热红酒(Glühwein)呢?

逛逛圣诞市场，在清冽的寒冬中手捧一杯热红酒，也预示着一年中最重要的假日模式正式开启了。圣诞热红酒的温暖、香气，红宝石般的色彩是对新的一年最美好的期许。

跟随着人流，我来到了圣母教堂前的广场，此时 M 先生正坐在钢琴前面，手在琴键的上空停留了一会儿，仿佛在与黑白键的伙伴打招呼。

准备好了吗?

当他的手指在琴键上敲下第一个音符，如同念出了一段咒语般，周围的所有人都停下了脚步。随着一连串灵动的音符荡开，柔如冬日阳光般地感染着听众。虽然是街头表演，但在圣母教堂的映衬下多了一丝庄重和恬静。

我不是音乐家，但这一刻感动我的是 M 先生的琴声，如果用一个词形容，我会选择“透明”。在他弹奏的间隙我好奇地问了几个问题，M 先生的答案如同他的琴声一样透明和清澈，我喜欢。

M 先生很羡慕我在北京的生活经历，他也很认真地问我：“如果我去北京街头表演，中国朋友会喜欢吗?”

冬日的阳光慵懒、悠然，沿着它洒在广场上的优雅弧线我漫步到了埃米尔 · 莱曼(Emil Reimann)，这家店从 1329 年开始制作最为著名的圣诞果脯蛋糕 (Christmas Stollen)，而这也是我送给我的朋友们的最佳圣诞礼物，这种蛋糕来自我的家乡并且

是德国圣诞最古老的传统——萨克森地区的标志。

582 年来德累斯顿有个不变的传统，每到圣诞节前夕都会举行圣诞果脯蛋糕节。所有人都会站在街道两旁等着看蛋糕大游行，在鼓乐队的引领下，一个重约 4 吨的圣诞果脯大蛋糕由马车拉着从茨温格宫开始驶向圣诞市场，令等在街道两旁的居民和游客兴奋不已。

当马车抵达圣诞市场，盛大的切蛋糕仪式正式开始，每个人都可以得到一小块蛋糕，一起分享这分节日的喜悦。而且蛋糕是由身穿德国传统民族服装的圣诞果脯蛋糕公主分发的。

因为每家都有自己秘不外传的配方，所以在过去的日子里每家自己做好这个圣诞果脯蛋糕的胚子，因为体积过大和温度不易控等因素，大家都把它送到专业的面包房去烘焙，成形后再取回来自己刷黄油和糖粉，一个完美的圣诞果脯蛋糕才算大功告成。因为这个特殊的工艺，圣诞果脯蛋糕可以从圣诞季节一直保存到来年的五月。直至今日依然会遵循传统每年选出味道最佳的圣诞果脯蛋糕，而制作这个蛋糕的女孩子就是理所当然的圣诞果脯蛋糕公主。

真的有圣诞老人吗？

这不是个傻傻的问题，如果你看到圣诞集市上孩子们兴奋的状态，左顾右盼地骑坐在爸爸的肩头，小手里举着的糖苹果，我宁愿相信圣诞老人的存在。为什么不让这分对传说的期许，和这个爬烟囱的老头永远与我们生活在一起呢？如果这个梦想无伤大雅，又能愉悦自己，幸福他人，请善良地让“他”存在吧。

我很感谢还在坚持很多传统业务的德国邮局，每年会有人专门处理和回复那些可爱的孩子们写给圣诞老人的信。这分对传统的尊重和温暖的传递不就是新年最好的礼物吗?

德国人的圣诞节怎么过的？圣诞市场的存在如同中国人的庙会般重要，这也成为各个城市最重要的标签。

圣诞的色彩是流光溢彩的，14 米高的圣诞塔熠熠生辉，摩天轮缓缓地转动，不时传来兴奋的声音。圣诞的味道是浓烈的、甜腻的，是吱吱作响的。各种好吃的小食，只需随着香味就能准确地找到摊位。圣诞的声音是 Jingle Bells 的旋律、旋转木马的音乐声，是各种木偶剧表演引起的各种欢笑声。圣诞的温度是亲朋间的那分惦记，小摊位上是各种各样的精美礼品，圣诞饰品，手工艺品。

即便你是第一次来德累斯顿也没关系，主办者贴心地制作了圣诞市场导览图，还细心地用不同颜色区别各种摊位。想买圣诞饰品，去黄色区域；喜欢手工艺品，去绿色区域；小朋友同行寻找游乐设施，去金色区域；纯“吃货”，红色和橙色区域等待你。

中国朋友说最喜欢圣诞节的礼物环节，也很想知道德国人圣诞节都互相送什么礼物。其实礼物的价值不是标签上的商标或者数字，而是你是否用心送给别人最合

适的礼物。

我妈妈以前是个建筑师，我家的工作间中充斥着各种品牌的壁纸样板和布料样板，这些在别的事务所会被定期更换和清理的易耗品在我妈妈眼里都是珍宝。

今年刚刚进入圣诞季，我妈妈就用各种壁纸开始制作贺卡，不仅仅利用壁纸的色彩和纹样，还剪贴出各种圣诞装饰的图样，再为每一位她的朋友精心写上一段新年的祝福。我妈妈自己很享受这个过程，或许这分自在就是最难得的状态，而收到贺卡的朋友又放大了这分快乐，还有什么礼物比用布料样板亲手缝纫的靠枕和餐垫更有新意呢。

言语无法勾勒出圣诞的全貌，但这个节日的气氛无一例外地感染着每个人，因为——圣诞就是家的味道，圣诞就在你心中。有关圣诞的话题还很多，但所有语言都无法替代亲身的感受。希望明年你们一起到欧洲来过圣诞，我可以尽地主之谊为大家奉献更多圣诞的精彩！

现在奉献我的家传秘方教你做一道——德国圣诞果脯蛋糕。

材料准备

基础食材：

1000 克面粉

30 克磨碎的苦杏仁（需碾碎）

30 克糖渍姜切碎（需碾碎）

250 克黑葡萄干（需碾碎）

250 克白葡萄干 （需碾碎）

150 克黑醋栗（需碾碎）

150 克磨碎的甜杏仁（需碾碎）

150 克糖渍柠檬皮（需碾碎）

150 克糖渍橙皮或苦橙皮（需碾碎）

500 毫升牛奶

100 克新鲜酵母

450 克黄油

调料：

200 克糖（和面时用）

10 克盐

1 茶匙姜粉 （需碾碎）

1 茶匙肉桂 （需碾碎）

1 茶匙肉豆蔻（需碾碎）

1 茶匙草豆蔻（需碾碎）

1 茶匙丁香（需碾碎）

1 茶匙鲜姜（需碾碎）

1 个新鲜柠檬带皮（需碾碎）

60 克糖霜

70 克砂糖（需碾碎）

30 克香草糖（需碾碎）

制作步骤

制作时间 45 分钟

醒面时间 3 小时

1. 面粉过筛子，倒入一个大碗中。在面粉中间掏出个坑，倒入绞碎的酵母，加入一茶勺糖和少量温牛奶，在温暖的地方放置 45 分钟。

2. 将葡萄干和黑醋栗氽水，然后再浸泡 15 分钟钟，用吸水纸擦干。将糖渍柠檬皮和糖渍橙皮切碎。

3. 黄油隔水加热至液态，将牛奶温热。在放置的面粉中加入黄油、牛奶、糖、调料混合揉制，直至面团不粘碗为止。

   提示：根据手感决定揉制时间，以面团光滑不沾手为标准，然后发酵 1 小时。

4. 再加入葡萄干、杏仁粉和其他蜜饯果品，然后继续揉制后再醒发 45 分钟到 1 小时。

5. 烤箱预热 180 摄氏度（上下两面预热），用黄油在烤盘和面团上部均匀涂抹，然后把圣诞蛋糕放入烤盘，加上圣诞蛋糕特制模具盖子，并通过上方的气孔插入探针方便查看蛋糕的成熟度。烤制 50 分钟后，拔出探针检查蛋糕是否已经烤制好。如需继续烤制又不希望蛋糕颜色过深，可取下盖子，加上一层铝箔纸。在烤制结束前 10~15 分钟将磨具盖子取出。

6. 在烤过的蛋糕上刷上热黄油，撒上砂糖和香草糖，最后撒上糖霜。充分冷却后用保鲜膜和铝箔密封。

7. 根据烤制大小决定是否分割成两个蛋糕。说起圣诞果脯蛋糕，其中最重要的原料是肉桂，无论是在圣诞姜饼、圣诞热红酒都会找到她的踪迹。据说了解一个人对肉桂的喜爱程度可以用于判定祖上是否是德国血统。

8. 圣诞果脯蛋糕的标准吃法是要切成 7 毫米厚的薄片，配上一杯热红茶或者是黑咖啡，记住，一定要是 7 毫米。

旅游小贴士：

德国圣诞市场开放时间：11 月 25 日—12 月 23 日
周一至周五：15:00—21:00
周六至周日：13:00—21:00
德国每个城市都有自己的圣诞市场，其中比较有特色的圣诞市场有：
德累斯顿圣诞市场、纽伦堡圣诞市场、法兰克福圣诞市场、奎德林堡圣诞市场。
建议前往这些圣诞市场时候务必提前预订酒店。

秋天的阿尔卑斯山
——奥地利热苹果卷

旅行，

不仅承诺你现在的美好，

还许诺你未来的欢愉。

十年前我初来北京，每一个我见到的北京人都在不断地重复“你秋天一定要回到北京”“金秋十月那时是最美的北京”“秋天是北京温度最舒服的季节”“北京的秋天满是瓜果梨香的味道”……

北京的秋天在我的心中变得与其他季节不同，多了些诗意的色彩和味道。刚过立秋，我就开始留意秋天的影子。立秋之后，无论白天多么艳阳高照，夜晚总有些微风，有些清凉，你会不由自主地伸展四肢。立秋总会让人有撒欢儿的冲动，就连我的狗狗也越来越渴望户外的时光。

在德国的秋天，我则喜欢骑着摩托穿越阿尔卑斯山。秋天是骑行的最佳时间，无须担心夏日的狂风暴雨、太阳肆虐，也无须小心翼翼地行走在冬日的冰雪泥泞之中。阿尔卑斯山的秋日如同一幅浓墨重彩的油画，山顶上白雪皑皑，终年不化。树木有些变得金黄，有些已经急不可耐地变成暗红色，而你脚下却依然是绿草青青。天空也是格外的晴朗蔚蓝，偶尔几只飞鸟掠过。

我会特意选择山间路骑行，每一次拐弯后眼前的豁然开朗，每一座山丘上牧羊人的小房子，每一群牛群都如此静谧美好。经过四个小时的骑行我到达了奥地利小镇塞费尔德，我自己也需要给车加油、休息了，通常我不喜欢甜食，但离晚饭的时间尚早，所以秋日的奥地利苹果卷配黑咖将是一顿不错的下午茶。

雇上一辆马车，这里马儿也如同明白你的心意，就这样缓缓地，嗒嗒地在森林中漫步。马车夫也善解人意，不多言不多语，怕惊扰到森林中的精灵。在马车的韵律中摇摆着，我竟有些困意了。

塞费尔德是个如同童话般的小镇，古老的小房子，每家的房前屋后窗台上都开满了鲜花，每家古老的小店中好像都有一位慈祥的老奶奶。这个小镇曾是两届冬奥会的举办地，最不缺少的就是饭店和美食。但我更中意镇中心那家火腿店，每次来总要带些火腿回去。

材料准备

基础食材：

2 汤匙普通面粉

1/4 茶匙肉桂粉

2 个大的苹果，削皮，去核，切薄片

2 汤勺加州提子干

1 片 25 厘米 x 25 厘米的冷冻千层饼皮

（解冻备用面粉、擀面时撒粉用）

1 个鸡蛋

调料：

糖

糖霜（装饰用）

制作步骤

1. 烤箱预热到 190 摄氏度。把糖、面粉和肉桂粉倒入碗里，加入苹果和葡萄干，搅拌均匀。

2. 把不粘烘焙纸放在烤盘上。在工作台上轻轻地撒上一层面粉，把千层饼皮轻轻朝一个方向擀成一个 30 厘米 x 40 厘米的长方形。

3. 在底部放入混合的苹果馅料，留下一个 2 厘米边界边缘卷起来。

4. 把鸡蛋打散后和一汤匙的水混合，刷在苹果卷表面。在卷的顶部，戳上一些 2 厘米长细孔。放入烤箱烤 35 分钟至金黄后转移到一个架子冷却上 30 分钟。撒上糖霜即可。

慢下来，享受这一刻
——牛肉番茄焗饭

我们的生命是美好时刻的集锦，

我们永远不知道美好会在何时何地发生，

但它们永远跟随我们，铭刻于我们的灵魂中。

我刚刚经历了暑期休整（Summer Break），回到令人神清气爽的北京。当然，你会好奇我去了哪里，我越来越觉得自己像一只候鸟，需要不定时的迁徙，而旅行是最合适的时间点。

此次我选择的是房车与摩托车组合的旅行方式，准备好好感受一下欧洲各地的露营地。房车已提前预订好，摩托车选择了我的心头好复古宝马9T（R NINE-T），又在超市中挥霍采购了一番，准备在厨艺上大展身手。

“烟波不动影沉沉”，基姆湖（Chiemsee）环绕着阿尔卑斯山脉，又被称为“巴伐利亚海”。房车停在湖边的露营地，我轻装上阵，准备从这里出发骑行穿过阿尔卑斯山到达奥地利，因为这一段是摩托骑行者的圣地，山路蜿蜒，又有各种弯道，沿途风景优美。刚刚路过丝绒般平坦开阔地，又见一片童话般的房子，黑森林与你擦身而过。山间的雨却来得那样迅速，那样的悄无声息，突然间漫山雨雾紧随身后，我的手不自觉地握紧了双把。有人曾问我为何喜欢骑摩托车，是因为炫酷吗？恰恰相反，骑摩托车是一个享受过程大于结果的乐趣，享受每一个上坡、每一个弯道、每一次天气的突变，可以充分满足一个男人挑战自我的成就感。

生命的美好就在于总会有奇迹，我带着满身风雨抵达了奥地利的塞费尔德（Seefeld），一身疲惫还未舒展，突然间一道彩虹挂在天上，神气活现的穿透了云层。我不自觉地嘴角上扬，感恩生命的奇迹，阿尔卑斯山的彩虹与城市中的截然不同。

这个时候需要喝上一杯，我信步走向塞费尔德小镇，路过一个个花团锦簇的房子，耳畔突然传来一阵音乐声，星期天的欧洲，开门营业的店铺不多，好奇的我循声而去。拐过弯是一小片开阔的中心广场，临时搭起的帐篷里已坐满了人，无论是舞台上还是观众席里每个人都身着传统的民族服装，在音乐声中觥筹交错，仿佛刚刚的风雨交加与这里全然无关。我先买上一杯酒，再打听了一下这是个什么节日。酒是最好的语言，我很快了解到原来在举办塞费尔德的传统音乐节，无论是演出者还是观众都是小镇的居民，无任何组织或商业目的，大家只是自发地聚在一起，用最传统的音乐、最地道的美酒与美食一起愉快地享受周日美好的时光。而这一切的氛围感染你的力量只有一个原因："蓬勃的生命力和每一张发自内心的笑脸"。

生命中的所有美好都在这一天不期而遇，一切都是最好的安排。慢下来，享受这一刻，这就是旅行的魅力所在。旅行于我而言是治疗疲惫生活的一剂良药，就连我的胃口也比平日好了很多。经过了几个小时的长途跋涉，当晚在营地我们一起制作了一道牛肉番茄焗饭。

材料准备

基础食材：

200 克米饭

150 克牛肉馅

2 个中等大小番茄

1 罐口蘑

30 毫升橄榄油

1 块硬起司

调料：

海盐

黑胡椒

1 个洋葱

制作步骤

1. 硬起司、洋葱、番茄、口蘑均切碎备用。

2. 平底锅倒入橄榄油，煸炒口蘑和洋葱至金黄色。放入牛肉馅，炒至完全变色加入番茄，小火翻炒 3 分钟，加入海盐和黑胡椒调味。

3. 烤箱预热 150 摄氏度，将米饭平铺在烤盘内，加入炒好的牛肉番茄酱料，表层撒上硬起司碎，放入烤箱烤 12 分钟。

4. 请注意观察表面硬起司的颜色，如已经融化并呈现出金黄色，请关闭烤箱， 完成。

欧洲 - 德国 - 萨克森州 - 德累斯顿市

德国人的复活节和小兔子
——复活节烘肉卷

每个人的内心都有着自己的桃花源，

我找到了，

你呢？

车窗外闪过这座教堂，这个教堂是由塞奇·拉赫马尼诺夫（Sergei Rachmaninoff）捐助的，从教堂门口拐个弯再右转就到家了。想起小时候每次路过这里，当建筑师的母亲总会惊叹黄昏的光晕渲染得教堂如此的神圣，投射到地面的剪影都富有艺术感染力。而母亲最后一句总会是：我要坐在这棵树下听一次帕格尼尼主题狂想曲。但年少的我能与帕格尼尼建立的联系只有帕尼尼。思绪回到今日，每年的复活节（Easter）是我们全家也是德国人最重视的节日。每年具体的日子会略有不同，是春分月圆后第一个星期天，寄予了人们对重生与希望的期许。

有中国朋友曾经好奇地问我为何德国人喜欢兔子，甚至有的酒店还用兔子命名。中国人认为兔子与严谨刻板的德国人形象极为不符。我也好奇德国人应该是《疯狂动物城》中的哪一个呢？

当你在超市见到各色兔子装饰和各色蛋形糖果的时候，你就知道复活节在悄悄走近。在德国，兔子是复活节的象征，是爱神的宠物。对了，中国有个嫦娥，她也有只兔子的。

遵照德国人的风俗和传统，复活节的小兔子会把复活节的鸡蛋和各类巧克力糖果送到每家每户的花园中并藏起来，这是每个德国小孩子童年的美好回忆。

在复活节的早上，花园中的寻宝活动是重头戏。我家所有的孩子——两岁、七岁、十四岁、十五岁都忙得不亦乐乎，全情投入到石头缝中、花丛里、雕像下，甚至爬到树上的鸟窝里去寻觅。随着一声声尖叫和笑声，快乐在不断蔓延。而每一年我们全家都在不断重复和坚持这一传统，你不会觉得无趣和无聊，相反所有美好的回忆在不断地累积和放大。就这样一年又一年，快乐的回忆像花园中的那棵银杏，已长

成参天大树。

我妈妈和两个妹妹更热衷于手绘复活节的彩蛋，把鸡蛋两侧各扎个小眼，轻轻地吹出蛋液，用一个小铁钩穿入鸡蛋，便于绘画时掌握角度。每个人的艺术创作都得到了尊重——悬挂在室内的盆栽上，成为复活节独特的装饰和回忆。

随着厨房中飘来的阵阵香味，复活节蛋糕出炉了。大家应该能猜到主要原料是鸡蛋，绘画彩蛋剩下的蛋液要充分利用，唯一的选择就是香甜可口的鸡蛋起司蛋糕。

作为家庭中的长子，我将燃起复活节的火堆，寓意新的生命和新的一年如约而至了。最美的就在你的身边，你的手中。望着火光，我的思绪已经飘到将来，仿佛看到我的子孙们也在花园里继续寻找着这分简单的幸福。游历过世界很多的地方，却越来越渴望一个可以安静下来的地方。

材料准备

基础食材：

500 克牛肉馅（或 250 克牛肉馅和 250 克 猪肉馅混合）

100 克面包碎

3 汤匙黄油

2 个大鸡蛋

3 个煮熟的鸡蛋

3 汤匙面粉

100 毫升酸奶油

少许淀粉

调料：

1 茶匙盐

1/2 茶匙黑胡椒

1 茶匙迷迭香

2 个中等大小的洋葱

制作步骤

1. 烤箱预热 180 摄氏度。

2. 锅中放入 1 汤匙黄油，然后放入切成小块的洋葱，炒至金黄色。

3. 鸡蛋打入碗中，放入盐、黑胡椒和迷迭香，搅拌均匀。

4. 将面包碎、炒好的洋葱和鸡蛋液放入肉馅中，搅拌均匀。

5. 用搅拌好的肉馅包裹住煮熟的鸡蛋，将熟鸡蛋完全隐藏在肉馅中，做成圆筒状的肉卷，然后在肉卷的外部均匀地包裹上面粉。

6. 锅中放入 2 汤匙黄油，将肉卷的各个面简单地煎制成形。

7. 在烤箱中放入一个深度较深的烤盘，在烤盘中放入肉卷。每隔 10 分钟打开烤箱浇一次酸奶油，烤制 1 个小时。

8. 取出肉卷，将烤盘中的汤汁倒入锅中，加入淀粉，小火收汁至汤汁浓稠。

9. 将汤汁倒在肉卷上，配上面包、土豆泥、青豌豆即可食用。

BOSS

柏林，坚守着自己的味道
——咖喱香肠

"美食在民间"，

不知这是哪位志同道合的吃货朋友总结出的美食界的"真理"。

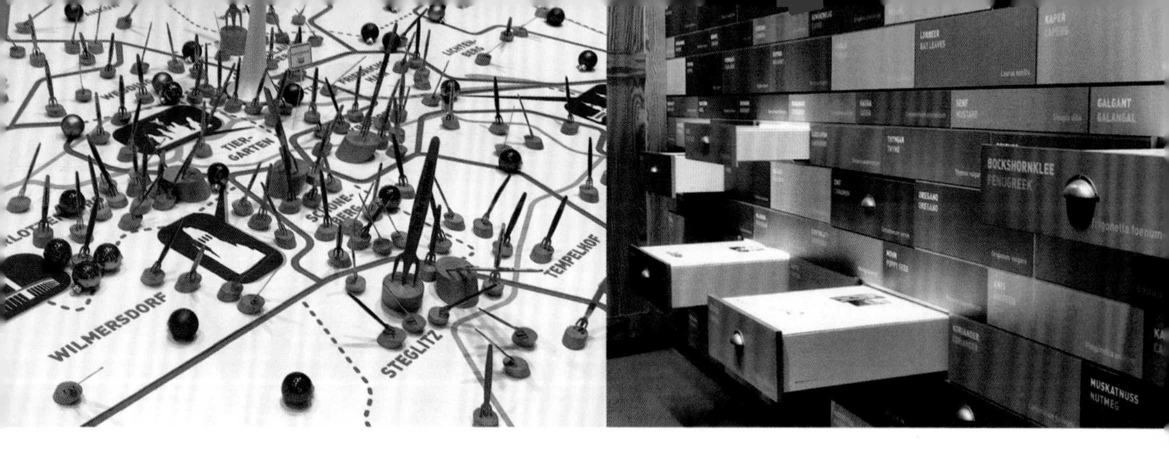

游走于城市间，我最喜欢的就是观察街头摊位前排队的人群、着装、年龄、表情，这些成为鉴定美食标准的直接依据。距离北京 7000 多千米的德国柏林街头也有一种让我牵肠挂肚的美食——咖喱香肠（CURRYWURST）。

作为一位资深美食爱好者，我对肉类的爱是赤裸裸的、毫不做作的。咖喱香肠于柏林人而言已经成为一种美食信仰，居然为此建了一座咖喱香肠博物馆来表白，柏林人对他的热爱和珍视可见一斑。

入口处的欢迎语都透着霸气“这里是真正的柏林”，语音导览被伪装成桌面上的番茄酱瓶子，一张超大画幅的咖喱香肠全城分布图，以柏林电视塔为地标参考，密密麻麻地标注了各个咖喱香肠摊位的方位，每一只叉子和那块香肠代表的就是一家小店。其中有几只超大叉子是推荐的历史悠久和超人气的摊位。

咖喱香肠味道优劣取决于酱汁，所以香料的选择尤为重要。香料展区的每一只抽屉如同一个个魔盒一般盛放着香料的秘密，不仅图片介绍和实物相结合，居然还有小包装的嗅闻盒满足你的好奇心。

“为什么选用纸盘而不是陶瓷盘？”可翻转的每片展板通过每一道问题告知参观者，咖喱香肠虽然是一种街头快餐，但所有的餐具和包装都由可回收的环保材料制成。

展厅中还有模拟的咖喱香肠餐车，供孩子们模拟制作和体验。展厅出口处提供不同口味的咖喱香肠供你品尝，如果你愿意也可以带几瓶咖喱香肠酱汁回去。

无论季节，无论早晚，不在乎天气和温度，只要路过，柏林人总是会去街边的

柏林最受欢迎的咖喱香肠店——Curry 36
地 址：Mehringdamm 36, 10961 Berlin Kreuzberg

咖喱香肠摊位前排上个长队。站在摊位旁边的小帐篷里，享用着手里的咖喱香肠，配上一瓶啤酒，可以独享也可以随意和身边的人攀谈几句。如果碰上个非本地人，基于柏林人的美食道义和信仰免不了要热情地给你介绍一下咖喱香肠的前世今生，再一一列举每家的独特之处，与其说你感受到了柏林人的热情不如说你满足了柏林人的自豪感和成就感。吃完喝完彼此告别，咖喱香肠温暖了食客的胃，也同时温暖了柏林人的心。

温暖的食物一定有着温暖的故事，坊间流传咖喱香肠的诞生源自于第二次世界大战中的一段凄美的爱情故事 。女主对挚爱的追忆，意外地成就了流传至今的德国民间美食。

咖喱香肠就如同柏林这个城市，这个可以和一座城市画等号的美食，就这样堆在纸盘中，随意的撒上汁料，简单又实在。来过柏林的朋友总是说看不出柏林哪里好，就是很舒服的样子，很“素颜”的状态。我就是喜欢柏林这分自然和自在，颓废里透着不羁和艺术范儿，国际的、本土的、朴实的、潇洒的都在这一方沃土上和谐并存。

在无数个疲惫的夜晚，咖喱香肠就是我人生的加油站。

材料准备

基础食材：

350 克猪肉香肠（生）

调料：

250 毫升番茄汁

50 毫升苹果汁

1 个小洋葱

半个蒜瓣碾成末

1 茶匙糖或蜂蜜

2 茶匙咖喱粉

1 平茶匙姜汁

1 茶匙白葡萄酒醋

1 茶匙芥末酱（中辣）

1 茶匙青椒粉

少许盐

少许黑胡椒

制作步骤

1. 小火加热橄榄油翻炒切碎的洋葱和蒜末，加入糖或蜂蜜，去掉渣子只留酱汁。加入咖喱粉和一半番茄汁熬制10分钟。逐步加入剩余的番茄汁、苹果汁、芥末酱，继续小火熬制。最后加入姜汁待翻滚后关火。

2. 根据你个人口味加入盐、黑胡椒、白葡萄酒醋、青椒粉，调整味道。

3. 香肠两侧切斜刀，热油煎至两面金黄，大约需要 3~5 分钟。

4. 香肠切成小块装盘，加入酱汁，再撒上一些咖喱粉，完工。

旅游小贴士：柏林第一家咖喱香肠店（1930 年至今）—— Konnopke's Imbiss

地址：Schönhauser Allee 44 B, 10435 Berlin

注：为了严谨，德国的路名没有直译成中文词汇，通过德文的地址可以直接找到这里。

欧洲 - 德国 - 勃兰登堡州 - 奥德河畔法兰克福

儿时的味道
——酸味炖牛肉

现在小孩子的生活有了无限的可能性，

但恰恰缺少一些感动和记忆。

不知道儿时的味道是让我思念祖母的手艺，

还是思念我脑海中她的面容、她的笑声、她的话语……

这是我儿时记忆中最幸福的味道。自从祖母过世，将近四十年我都没有机会再重温这个味道。我的祖母伊尔萨（Ilse）是个老师，由于二战的原因她腿部有残疾，这分伤痛几乎伴随她近二十年的光阴。但她是个美丽而聪慧的女人，在我的印象中她是世界上最完美的祖母。

在我的印象中祖母无所不能。祖父因为战争的原因只剩下一只胳膊，所以家中大小事情都是祖母在打理，她几乎可以修复一切东西。家居用品、皮带、鞋子、我的冰刀……而我印象最深的是她总在修理时重复的一句话：简单的生活也要过得有滋有味，不能马马虎虎。小小的我总会问她："祖母你老了什么样？我长大了什么样？"她总是爽朗地笑笑，说："祖母老了也要老得优雅。"

每年有两次机会可以吃到酸味炖牛肉（Sauerbraten）（请原谅，我无法找到中文准确的翻译，但希望经由我文字对制作和味道的描述，你能记住这份美味）——每年在对圣诞节的期盼中都饱含我对这道美味的期待和迷恋；或是这一年中的另一个节日，或是有值得庆祝的重要事情发生时，我的祖母也会制作这道费时费力的美味。今天的我很难想象当年的祖母拖着伤腿不断地往返于厨房悉心照料这块牛肉，只为了给全家制作这份美味。你或许会好奇为什么如此简单的原材料和菜谱却要大费篇幅的介绍呢？原因很简单，制作的时间才是这份美味的关键。

材料准备

基础食材：

450 克上好的牛肉

调料：

30 粒黑胡椒（需研磨成粉）

15 克精制海盐

1.5 升酸牛奶

制作步骤

将整块的牛肉放入酸牛奶，通常酸牛奶也是我祖母用新鲜的牛奶发酵而成。牛肉要在酸牛奶中完全浸泡 3 天，牛肉经过 3 天酸牛奶的浸染后可以正式亮相了。将 30 粒黑胡椒研磨成粉备用。高温热油把牛肉煎成姜黄色后，撒上研磨好的黑胡椒粉和 15 克精制海盐，加入剩余的酸牛奶小火炖煮。当汤汁收干香气四溢时，美味可以上桌了。而最关键的步骤，也是这道美味能否成功的秘密，就是在炖煮过程中你要不断地翻转牛肉，几乎每一次我的祖母路过厨房都要翻动和观察这块牛肉。

Breakfast•Lunch•Dinner
Salt & Sugar
COFFEE
BREAKFAST
CREPES
FREE Wi-Fi
ADA KAMARA

欧洲 - 希腊 - 圣托里尼岛

失落在希腊的那片蓝色中
——地中海酿红椒

食物本真的味道与食用者之间有一种微妙的联系，

如同情人间的默契。

我多年前去过希腊，那是我第一次拜访希腊，还是一次完全没有计划和安排的旅程，无意中看到网站的特价机票德国飞希腊 20 欧元，头脑一发热就出发了。作为骨子里需要显示与众不同特质的水瓶座，我历来对那些残缺的、无法复原的古迹抱有一种执着，总以为亲自去看看或许能发现一些历史遗留下来特意等待我去揭开的秘密。

想想有一些好笑，今天写下这些文字时雅典神庙在我的脑海里仿佛没有那么神秘高大了。但多年过去，我对岛上那两位老人却依然印象深刻。

从雅典搭乘轮渡到圣托里尼岛大约两个半小时，两位老人开的小馆子就在岛上的小巷里，年头太长已经不记得名字，位置就在沿海边那条有着各色工艺品店的街道后面。印象中店门就是一扇对开的蓝色木门，店内面积也就放个七八张桌子的样子，菜单只有一页纸，桌布是印着地中海纹样的纸质桌布。我第一次从门口路过时没有觉出有什么特别之处，但日落时分再次经过时门口已经排满了长队。我好奇地询问后得知当天 10 点以后的预定已经都满了。

岛上的生活是慵懒的，因为天气的原因。一天的时光是从下午 3 点后开始的，最佳的晚餐时间是晚上 8 点。为了避开这个高峰期，我决定饿一天肚子，把晚餐提前到晚上 6 点半去碰碰运气。

非常幸运，我刚刚坐下老板就用个白铁皮的小盒子送上两块面包，不是德国那种切得薄厚均匀的面包片，而是很随意地从大面包上掰下来的两块大小不一的面包块，还有一小碗自制的青瓜酸奶酱。老板会照例先问你喝点什么，在岛上水比酒贵，我入乡随俗点了半升装的白葡萄酒以及酿红椒和清炖羊肉。

随手撕着面包沾着青瓜酸奶酱，偶尔啜一口冰得恰到好处的葡萄酒。许是看多了人来人往的游客，老板并不是很健谈，客人还不是很多，老板偶尔就站到门口抽支烟。这时另一位看上去年长一些的老人端来了我的酿红椒，卖相不算精致，我有一丝丝失望。但切下第一块放入口中，绝对是美食。至今我还在回味那个味道，而随后的清炖羊肉绝对可以用“惊艳”来形容。

当我带着满足向老板道谢时，老板才微微一笑说“喜欢就好。”这家小馆子是兄弟俩合开的，两人加起来一百多岁了，加上帮手这个店里也只有五个人，都是岛上的原住民。从不知宣传为何物，就连每个餐厅外都会摆放的菜单都省去了，那一页纸的菜单上也都是兄弟俩自己最喜欢又最擅长的菜品。他们真的是用美食在默默寻找知音，或许他们很少走出这个岛屿，也不知今天被过度渲染的“匠心”二字，他们只是认真地活在自己的故事里，活在别人的风景里。

很遗憾当年手机拍照功能还没有这么发达，没有店内的照片分享给大家，有机会我一定会再回去，只是他们年事已高，不知还在不在。

现在我带着幸福的回忆与你分享这道酿红椒。

材料准备

基础食材：

8 个黑色小橄榄

150 克小米饭

300 克肉馅

50 毫升橄榄油

调料：

海盐

黑胡椒

4 个红色彩椒

1 个洋葱

制作步骤

1. 用小刀切掉彩椒顶部，洋葱、橄榄切碎，备用。将烤箱预热 180 摄氏度。

2. 肉馅加入洋葱碎、橄榄碎，海盐、黑胡椒调味，混合在一起并搅拌均匀。

3. 取彩椒，先放入小米饭，再填入拌好的肉馅（如果你喜欢可在顶端加上奶酪丝）。

4. 平底锅倒入橄榄油，彩椒放入，双面各中火煎火煎 3 分钟，放入预热好的烤箱烤制 15 分钟即可（根据个人口味考虑是否添加小米饭）。

亚洲 - 中国 - 北京

追随季节的脚步
——古拉什传统牛肉浓汤

或许超越味道本身的只是那分温暖的回忆，

有时我想要的只是过去的快乐时光。

2017 年 1 月 20 日，农历小年，家家户户开始为迎接春节做准备，俗称“过年”。中国的文化博大精深，只用一个简单的“过”字就生动描绘和定义地出了年的味道。作为一个“老外”，家里的圣诞树和彩灯刚刚收起，我也会学着邻居的样子，在大门上贴上红红的春联，在窗户上挂上大大的福字。而年前的采买也是我最享受的。我喜欢在菜市场里走走停停，有些时候完全是漫无目的，与其说是为了买东西，更多的是为了与这些朴实的人打交道，感受那分自然与友爱。

此时厨房正飘来阵阵的古拉什传统牛肉浓汤（Goulash）香气，牛肉需要用小火炖上三个小时，配上洋葱、番茄调味，满满的一锅炖到如丝绸般滑腻。在冬日里这份扑鼻的香气和温度，带来的满满都是家的温暖和味道。而每次做这道菜的时候，我总是能回忆起小时候，我和妹妹扒着厨房门使劲地吸着鼻子迫不及待地等着妈妈做的“新年大餐”。

曾有朋友和我说，只有真正在德国停留过的人，才会时常眷念这口热汤的暖。而每当节日或是觉得需要犒劳自己的时刻，我都会花上几个小时做上一大锅，这过程让我感受到了满满的仪式感。内容丰富的汤料，浓郁的汤汁，将面包掰成小块泡入汤中，待面包充分吸收了汤汁之后再大口吃下。你想象不到那种味道对我产生的诱惑，那是一种无法抵抗的，令人念念不忘的味道。如果说每个人记忆中都会有一个家的味道，那么我想我的就是古拉什传统牛肉浓汤。

材料准备

基础食材：
牛肉
土豆
胡萝卜
芹菜
调料：
油
迷迭香
香芹籽
百里香
黑胡椒
盐
番茄酱
利本叶（在中国，你可以使用蒿本替代）。
彩椒
洋葱

制作步骤

1. 牛肉切块、土豆、芹菜、胡萝卜、彩椒切小块，洋葱切丁。

2. 中火，将牛肉煎至表面微黄，盛出备用。锅里再倒入油，放入洋葱丁，炒至微软变色。放入土豆、芹菜、胡萝卜、彩椒翻炒。牛肉回锅一起翻炒，加入番茄酱、香芹籽、迷迭香、百里香。

3. 放入水或高汤煮沸后加盐、黑胡椒调味。水烧开后调至最小火，加盖煨上 3 个小时至牛肉软烂即可。

古拉什汤也是德国的一道传统家常菜，定位北京市是因为作者在北京过年的时候做的这道菜，是中德对团聚的一种共同理解。

Getti
RISTORANTE
PIZZERIA

再回伦敦
——炸鱼配烤蔬菜

我的朋友洛丽塔曾经这样形容伦敦，

在欧洲只有一个地方能被称为城市，

那就是——伦敦。

伦敦需要一点点地走近，

一点点去揭开迷雾掩盖的生机与活力。

我对伦敦的感觉是她如同一位优雅的女士，或许不再年轻，或许不是最靓丽的，但骨子里散发出的味道却是别人学不来的。

距离上一次拜访伦敦已经十年了，或许伦敦没有太多的改变，但我的心态和生活状态已不同，看待伦敦的角度自然也在发生变化。伦敦很适合走路，东伦敦就是纽约的布鲁克林，柏林的米特区的哈克市场（Hackescher Markt），也许有点儿破落，但驳杂、多元、有趣。

这里似乎是全球创意阶层的聚集地。红庙（Redchurch Street），一条小马路上挤满了小众独立品牌，前店后厂的巧克力品牌，脑洞大开的工具店，英国范儿的男装到身体护理的精油，每一家都精致又充满个性，每一家都值得细细探访。

走累了，就去个咖啡会客厅坐坐，整个空间融合了水果摊、咖啡厅、餐厅、酒吧、书店、创意杂货、理发店，居然地下室还有个艺术影院，所有的气味和氛围都那么舒服没有一丝违和感。伦敦就是有这样的本事，随便的创意就这样一折腾，水准就是惊艳级别的。整个空间里融合了多种元素和色调，家具配饰也都是旧物再利用，你只会觉得原本就应该是这个调性。

我的对面坐了一对年长的夫妇，衣着很有点艺术家的气质，吸引我的是他手里的相机。我最近正痴迷于小巧的定焦镜头相机。我冒昧地询问：“请问您这款功能如何？”

“我还无法回答你，这是‘徕卡’委托我试用的新产品，我是个摄影师。”

我想“徕卡”绝不会随便找个摄影师去试用新产品。

为了掩饰我的惊讶更为了我的好奇心，我提出是否可以看看他们拍的照片。夫妇两人很友好地给我展示了他们的作品，当谈论到照片时他们才逐渐放松下来，话题也丰富起来。这样的一段偶遇也成了我此次伦敦之行的美好片段。

周末的诺丁山路是我每次去伦敦都要再次拜访的地方，嘈杂又熙攘，可味道和色彩是与伦敦其他地区不同的，是个更有烟火气的区域。每扇小门涂成红色、蓝色、紫色、黄色……各色人种聚集，市场上商品也来自世界各地而又独具风情。最有名气的当属诺丁山的美食书店，不仅可以看到世界各地的食谱和美食文化书，如果你幸运的话还会遇到大厨的“试吃”（Test Kitchen），随机品尝到全球的美食。

伦敦是个包容的城市，这一点在美食上就得到充分的体现。我最喜欢的地方是自 1756 年就存在的伯勒市场（Borough Market）。无论是世界各地特色小吃，还是地道香料佳酿，都可以在此处看见它们的身影。当然，新鲜的瓜果蔬菜、海鲜肉类也占据了 1/3 的空间，独特的美食主题的餐具也让你眼花缭乱。

伦敦人的幽默也体现在美食态度上：

一家肉铺的老板用一句极其浪漫的宣传语勾住你的脚步——我对你的爱就是让你吃到最好吃的肉（Nothing says I love you, like a nice bit of meat）。

两个卖汉堡的摊位，一家写着“2016 街头最好吃的汉堡”，而另一家奇妙地回应“此市场内最好吃的汉堡”。

离市场不远就是伦敦的新地标建筑物——碎片大厦（The Shape），站在 69 层可以鸟瞰伦敦全城的风景。我更愿意去 31 层的酒吧放松一下，随便喝一杯什么，看着伦敦桥发发呆。

伦敦就是这样一个地方，无论世界怎样变化，她依然保有她的经典，她的味道，但每一次又总能让你有一点点的惊喜。今天晚餐目标很明确，英国的国菜——炸鳕鱼，但我要做一道改良版的炸鱼配烤蔬菜。

材料准备

基础食材：

200 克鳕鱼

30 克面粉

调料：

5 克盐

3 克黑胡椒

50 毫升啤酒

制作步骤

1. 将鳕鱼切块，在一个大碗中加盐、胡椒、面粉慢慢倒入水，混合调制成面糊，也可以加入一些啤酒使之更加泡发。

2. 将鱼块放入面糊中，确保鱼块都完全被面糊包裹。

3. 热锅，油热后将鱼块放入平底锅中。鱼块一面炸至蓬松并变成金黄色后，翻面重复以上步骤。每面大概需要 2~3 分钟，出锅后放置在厨房纸上吸油

bean&beluga
RESTAURANT
bean&beluga
FEINKOST

欧洲 - 德国 - 萨克森州 - 德累斯顿

探秘真实的米其林厨房——百搭酱汁

米其林餐厅的星级标准是什么？

一颗星：可以顺道拜访。

两颗星：愿意绕道前往。

三颗星：值得专程前往。

问：米其林餐厅的菜单多久更换一次？答：普通菜单每四周根据时令更换一次，素食菜单每六周更换一次。

问：米其林餐厅的菜单为什么没有图片？答：希望食客关注于食物本身的选择和原材料的应用，这样每道菜的呈现都会是一次惊喜。

一个厨师是要躲在厨房用味道让别人记住和识别的。

采访这位米其林大厨是缘于周围朋友的好奇心——

德国除了肉配土豆有没有真正的美食？

德国有米其林餐厅吗？

……

很高兴我能够有机会走进豌豆和鱼子酱餐厅（BEAN & BELUGA）并进入厨房圣地去探究这家米其林餐厅美食背后的秘密……

一进入后厨我就被这颗绿色的“巨蛋”吸引了，质朴、厚重，很有些复古的味道。印象中，米其林的后厨应该是遍布量杯、黄铜锅、精美器皿和一切我看不懂的神秘工具。但这颗“巨蛋”显然是个烤炉，而且居然还是用最原始的木头烧烤。

“牛肉本身的滋味不需要过多的加工，只需要用最简单的炙烤锁住鲜美即可。而这颗绿色‘巨蛋’的高温密闭是最佳的烹饪环境。”

大厨拿出两块榉木，让我猜猜看为什么只选择榉木做烧烤。

榉木没有任何香气，硬度高、耐燃，能够完美锁住牛肉的汁水又保留牛肉自身的味道。大厨说对他而言，烹饪不是去改变食物本真的味道，而是发掘和更好地呈现食物原有的味道。

如同餐厅的名字“豌豆和鱼子酱 ”，他希望传递给大家他对食物的理解——“食物不分贵贱，都值得你去尝试”。

从一颗普通的豆子到稀有的大鳇鱼子，都应该被尊重，都可以成为你餐桌上的美味。

“如何成为一个米其林大厨？”我好奇地问。

“别人可以教会你做饭的技巧，如何搭配好食物之间的味道，如何利用调料为食物添香调味，如何掌控火候保留食物的滋味，如何使用刀工呈现食物的内涵；但是，如何借由你的菜式传递出‘亲情’‘幸福’‘满足’‘快乐’是没有人可以教给你的。每个人心里都有一个柔软地带，只有你用心烹饪的食物才能够敲开那扇门。真正的大厨磨炼的不是时间，不是功夫，而是心性。”

一分钟快问快答：

1、你的厨房里最重要的调料是什么？

月桂叶，几乎每道菜我都要使用。

2、你设计菜式的灵感是什么？

自然界的一切，自然就是一座花园。

3、你最喜欢的食物是什么？

酸面包配黄油。

4、最打动你的一道菜是什么？

意大利一位老太太做的手工意面。

5、成为一个大厨最基本的能力是什么？

首先你要是个吃货，对食物有如热恋般的感觉。

今天的采访还包括一次现场教学，我已经迫不及待地想知道这位米其林大厨将为我呈现什么大菜。

但是，当我来到已经准备好的料理台前，我有些失望，料理台上只是简简单单的摆放着洋葱、黄油、砂糖、调味盐、月桂叶、红酒和迷迭香叶。

“真是 Swabian”（Swabian 在德语中特指巴伐利亚地区的人，以勤俭著称）。

“我想为你展示一道酱汁的做法，因为这是一款百搭的酱汁，材料又简单易得，希望你分享给中国的读者。我希望那些没有机会来到我餐厅的中国朋友，也能分享到我用心烹调出的味道。”

这道酱汁分为红、白两色，可以随意搭配鸡肉、鸭肉或者牛肉。那个绿色巨蛋烤出的牛肉就是用这个酱汁搭配的。

原来这位大厨依然在贯彻和传递他的烹饪哲学。

现在，就由我现学现卖，分享这道百搭酱汁。

材料准备：

白汁：

3 个中等大小白洋葱

200 克黄油

新鲜的月桂叶

新鲜迷迭香叶

调味盐

红汁：

1 个中等大小红洋葱

50 克黄油

300 毫升红酒

橄榄油

砂糖

调味盐

洋葱切碎备用（请注意白汁搭配白色洋葱，红汁搭配紫皮洋葱）。

制作步骤

白汁：

1. 锅中放入黄油，加少许水，小火化开，将洋葱切碎备用。
2. 加入洋葱碎、调味盐，小火煮 10 分钟，让洋葱的汁水渗出。
3. 加入月桂叶和迷迭香叶，小火熬制汤汁收到浓稠即可。

红汁：

1. 锅中放入少许橄榄油，加入洋葱碎翻炒几下，加入红酒没过洋葱即可。
2. 放入少许砂糖和调味盐，小火煮 10~15 分钟让洋葱充分渗出汁水。
3. 小火熬制汤汁收到浓稠即可。

欧洲 - 德国 - 萨克森自由州 - 德累斯顿

四月的味道——白芦笋——荷兰酱汁

"白芦笋还有十天就要上市了。"

"湖贝图斯花园餐厅（Hubertusgarten）

已经挂出白芦笋菜单（Asparagus Menu）了。"

"我已经预定了上好的火腿了。"

所有人都极其兴奋和充满期待的就是——“白芦笋（Asparagus）”，她是春天的代言人，她是只属于四月的味道。在德国，白芦笋有个美丽的名字——蔬菜皇后。如果你只是听说而未曾亲口品尝，你就无法理解德国人那分在春天独有的渴望。

白芦笋只属于春天，收货和上市时间只有短短的几十天，错过了就要再等一年，这是一种被全世界的吃货们心心念念了一整年的心头好。如果你从未有机会品尝到当天采摘的白芦笋，那将是人生的一大憾事，因为你错过了那汁水饱满、绝无杂质、通体透白的嫩茎，也无缘用舌尖去感受那份天然的、淡淡的、丝丝的甜味。以“鲜、甘、嫩”三字道尽其味。语言无法准确形容白芦笋的口感，她是有灵魂的食物，让人开心的美食，此生不容错过的美食。但白芦笋的种植却是个需要耐心的过程：第一年在春天深植入土中，第一年和第二年都是悉心照料及等待，在第三年才开始有少量的收获。整个生长过程经历了春夏秋冬，融入了四季的风味。生长和培育过程全部覆土种植，收获也是全部手工采摘，如同在大地中寻找宝藏一样，乐趣堪比法国松露的采摘。

如何挑选白芦笋：

1. 笋尖部分紧实聚拢，茎杆坚硬无变色。

2. 确认茎杆无脱水或空心。

3. 尽量选择相同大小的白芦笋。

春天在德语中是“Spargelzeit”，词根是白芦笋与时间的组合，或许冥冥之中是大自然造物的神来之笔。在四月白芦笋开始陆续顶起软土表层，采掘时间要在凌

晨到日出之前，绝不能见阳光。“日出前准备午饭”是德国人对白芦笋的另一说法。采摘白芦笋是一项艰辛又专业的工作，如同探寻地下宝藏一般，仔细查看垄面，有鼓包、裂缝的地方，下面就有需要采收的笋芽。根据破土的情况判断是否达到标准，一般挖掘深度在 15~20 厘米，挖好之后还要覆土以备新芽萌发。白芦笋一旦露出地面，笋头就会变红、进而变绿，对于白芦笋来说就属于不合格。

对于这种时令的天赐的佳肴，我妈妈用最简单的清水煮制，加入黄油调配的酱汁（Sauce），再配上黑森林五年制火腿切成的薄片更突显白芦笋的淡甜口感。当你叉起白芦笋浸渍在融化的黄油中，或者你更中意荷兰酱汁，你会领悟到食物的天然之美可以如此性感。

据传白芦笋是在公元二世纪后在欧洲开始被认知和食用，最早这一神奇的食物是作为药用的，到十六世纪也只是皇家专属的佳肴，直至今日大众掌握了种植技术才传入欧洲的寻常百姓家。但为了保持白芦笋的口感并没有用人为技术干预生长过程，我想这也是人类对大自然的一分尊重。很自豪，德国是欧洲最大的白芦笋种植国，也是坚持和倡导传统耕作白芦笋的国家。或许，两年的耐心和等待所带来的喜悦是任何技术不可替代的。

当你有机会遇到新鲜采摘的白芦笋，我建议你这样做：
老霍建议 1. 对待白芦笋这样的“天物”尽可能要用最简单的烹饪手法。
老霍建议 2. 白芦笋上市时间极短，每年大约只有三周的时间，如果可能请把“她”当主菜尽情享用。

材料准备

基础食材：

3~4 个蛋黄

100 克无盐黄油

调料：

少许白胡椒碎

少许盐

1 茶匙柠檬汁

3 茶匙白葡萄酒

烹饪小贴士：

1. 如果你要为小朋友做这道菜，请把白葡萄酒放在第二步加热，既可以挥发酒精又不丢失风味。

2. 如果你不小心把酱汁熬得过于浓稠，请把它离火，加少许冷水快速搅拌，或许还可以挽救你的酱汁。

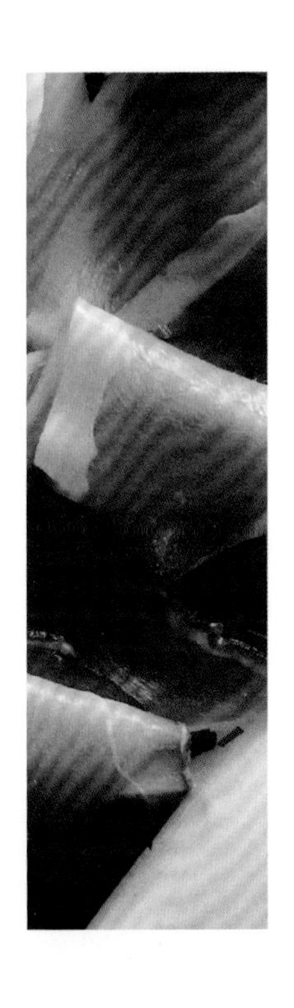

制作步骤

荷兰酱汁制作步骤：

1. 黄油放入小锅中融化。一定要开小火，避免沸腾。3~4 分钟之后，黄油完全融化，会有乳清悬浮物出现，用勺子撇掉这些悬浮物。持续加热 3~4 分钟，黄油会出现分层，我们只需要上层澄清的部分。

2. 另起锅烧开水，将蛋黄、柠檬汁、放进不锈钢盆里。关小火，隔水开始打发蛋黄。蛋黄打发到有些发白、打蛋器划过有明显纹路的时候就可以了。

切记：不要过度加热蛋黄。

3. 蛋黄离火，慢慢地把融化的黄油倒入蛋黄里面，不断搅拌，这时候你会看到蛋黄越来越浓稠。

4. 最后用盐、白胡椒碎和白葡萄酒调味。

白芦笋制作步骤：

1. 去掉白芦笋底部大约 2 厘米较硬的部分，并用厨房刮皮刀去掉白芦笋的表皮。

2. 烧开水加入 2 茶匙盐，半茶勺糖，放入白芦笋大约 8~10 分钟，或者观察白芦笋已变软。

3. 摆盘，浇上荷兰酱汁或者融化的黄油。

（荷兰酱汁制作方法请参考上文或者购买成品）

欧洲 - 法国 - 罗纳 - 阿尔卑斯大区 - 安省 - 沃纳斯

一只血统高贵的法国鸡 ——奶油烩布雷斯鸡

世界上只有一种真正的英雄主义，

那就是在认清生活的真相后依然热爱生活。

——罗曼·罗兰

你注意到了这个个性鲜明又极富艺术感的签名吗?

是的，乔治·布朗（Georges Blanc），法国厨神级的烹饪大师，他是布朗家族生意的第四代掌门人。

因为秉承和坚信“如果你希望像上帝一样生活，请住在法国”，1872 年布朗家族就已经投身于餐饮业。

还有一个细节，签名的结尾是一只鸡的鸡头。

这就是今天的主角，一只血统高贵的法国鸡。

在其他国家，鸡肉只是一种普通的肉制品，还是减肥餐的最佳选择。但吃鸡肉这件事情在法国是要被拿出来讨论和郑重对待的。

法国人不仅仅要知道怎么吃，还要知道每天到底什么到自己的肚子里，所以一个新的法律体系应运而生——原产地命名制度（AOC - Appellation d’Origine Contrôlée）AOC 所传递出的传统和特色，让人们开始关注食物被端到自己面前的生活状态。布雷斯（Bresse）鸡，唯一拥有产地证明的，一只高贵的法国鸡。

首先说说颜值，它的红鸡冠绝不是暗无光彩的红色；通体雪白，羽毛绝无杂色相间；蓝脚，还必须是贵族范儿的深宝蓝色。最神奇之处就在于这只鸡的红白蓝三色与法国国旗的颜色完全一致。

再来说一下居住条件，必须露天放养，每只鸡的活动空间不能低于 10 平方米，吃的也都是绿色纯天然制品。

全欧洲的鸡在售卖时都不允许带头出售，只对布雷斯鸡网开一面，不光带头、带脚，还特意在脖子处留下一圈白毛以证其身。从这件事足可以证明法国人在吃的这件事情上认真努力的精神。

至于味道请等我品尝过再来告诉你。

沃纳斯（Vonnas）是一个人口只有三千人的村庄。法国政府特意在 840 高速公路上为这个村庄开了个出口，这一切都要感谢乔治·布朗先生的米其林三星餐厅。

布朗家族 1929 年获得米其林一星，1971 年获得三星，到今天为止已经保持了四十七年的荣耀。到访名人政要不计其数，甚至包括我的偶像理查德 · 查伯兰。

当我驱车抵达餐厅时已近下午 5 点，从停车场的车牌上可以看到有从英国远道而来的美食朝圣者，这代表他们在路上的时间要超过两天，更多的是瑞士和法国本土的车牌，但即便是巴黎人也要穿越大半个法国来享受这一餐的。

乔治 · 布朗先生的烹饪理念是用最好的本地区的原材料来烹饪。这分坚持可以说拯救了布雷斯鸡这一古老的品种。为了本地区文化的延续和传承，他更亲力亲为，在 1990 年买下村内的 17 幢农舍进行改造，打造了一个美轮美奂的吃货的天堂。

这里有 41 间客房，足以让酒足饭饱之后的大家放松休息。

为了满足你的好奇心，并证明所有原材料的真实性，这里展示并售卖各类香肠、火腿、起司、黄油、香料…… 还有布雷斯鸡。

餐厅还有一间红酒窖，方便你带两瓶回家，继续品味这次旅行的幸福，以及一个小面包坊，不仅供应餐厅的餐前面包，也是沃纳斯村重要的社交窗口。一个小咖啡厅兼卖简餐，一方面是满足没有预定到餐厅位置的客人的用餐需求，也为乔治 · 布朗餐厅的见习厨师提供了实践的机会。

晚上 7 点半，我如约走入了餐厅，餐厅分为两部分，前厅是酒吧接待区，深色原木、

石头墙、红色的装饰，依然保留着法国农舍的传统。侍者训练有素带着微笑：“先生，您是否愿意先来一杯餐前开胃酒？”“为什么不呢？”我被引领到一张沙发前坐下，餐前小食和一杯气泡酒也很快端上来了。

我环顾四周，不同年龄、不同国籍、不同社会背景的人聚在一起，郑重其事地对待这顿晚餐。侍者适时地捧来了菜单，其实也没有什么好研究的，为了保证出品的质量，七道菜的菜单是提前制定好的，只有主菜为了照顾不同的客人需求可以挑选牛肉或海鲜。但每个人捧着菜单依然饶有兴致地从头到尾地阅读，生怕落下任何一个细节。

“帕提斯先生，您的桌子已经准备好了。”我起身走向主餐厅，从来没有在心中对一顿晚餐如此的期待，居然让我想到了第一次请女孩子吃饭的前尘往事。

侍者井然有序、不慌不忙地穿梭在餐厅中，餐前面包居然有五六种不同口味供我选择，作为一个挑剔的德国人我带着尝试的心态谨慎地选择了两种，“真的是无可挑剔的好面包”，特别是黄油，丝滑不糊嘴又伴有淡淡的香气。如果不是考虑接下来的七道大餐，我一定会再品尝几种面包。接下来两个多小时，我一直沉浸在一波又一波的满足中，每一道都是惊喜。这顿晚餐的主角当然是布雷斯鸡，也是我此行的目的。

鸡肉带着独特的香味，鲜嫩又多汁，几乎入口即化，绝没有普通鸡肉发干的口感。接下来的甜点也如同艺术品一般熨帖地照顾着我的胃。快乐是会被传染的，整个餐厅弥漫着一种满足和幸福的味道。

乔治・布朗大师也已经准备好来接受大家的称赞和谢意了，他走到每一张桌前亲切地问候和询问菜品是否满意，并且毫不吝啬地传授着他的烹饪技巧。

现在就来分享这道奶油烩布雷斯鸡。

材料准备

基础食材：

1 只布雷斯鸡

300 克白蘑菇

300 克胡萝卜

300 克芹菜

调料：

大蒜

黄油

白葡萄酒

1 个大洋葱

1/2 升鲜奶油

盐

制作步骤

1. 大洋葱切四大瓣，白蘑菇切片，大蒜带皮压碎，再将鸡切割成小块。

2. 先在平底锅中加入一大勺黄油，然后加入鸡胸肉和鸡腿、切成四瓣的大洋葱、一把切片的小白蘑菇、一些压碎了但没有剥去皮的蒜瓣，再加上一把调味料用的胡萝卜和芹菜。

3. 当鸡肉的颜色转成深金黄色的时候，把一大杯白葡萄酒倒进平底锅里，等酒烧到差不多时，再加入半升鲜奶油。

4. 煮上半个小时后出锅，酱汁用滤网滤过浇在盘子里，鸡肉摆入盘中，再撒上盐，就完成了。

图书在版编目（CIP）数据

味道的追随者／（德）霍一德著．—— 南京：江苏凤凰科学技术出版社，2019.2
ISBN 978-7-5537-9669-7

Ⅰ．①味… Ⅱ．①霍… Ⅲ．①饮食－文化－世界②游记－世界 Ⅳ．① TS971.201 ② K919

中国版本图书馆 CIP 数据核字 (2018) 第 215347 号

味道的追随者

著　　者　[德] 霍一德 (Holger Patitz)
项目策划　高　红　郑亚男　苑　圆
责任编辑　刘屹立　赵　研
特约编辑　苑　圆　高　红　小梅子　姚　远

出版发行　江苏凤凰科学技术出版社
出版社地址　南京市湖南路1号A楼，邮编：210009
出版社网址　http：//www.pspress.cn
总　经　销　天津凤凰空间文化传媒有限公司
总经销网址　http：//www.ifengspace.cn
印　　刷　北京博海升彩色印刷有限公司

开　　本　710 mm×1000 mm　1／16
印　　张　9
版　　次　2019年2月第1版
印　　次　2019年2月第1次印刷

标准书号　ISBN 978-7-5537-9669-7
定　　价　48.00元